李震　陶玲◎编著

做最棒的
男孩

中国纺织出版社有限公司

内 容 提 要

人生在世，总会有觉得生活不能令自己满意的时候，每当这些时候，不知，你有没有想过，或许，问题就是出在你自己身上呢？

本书从心态、梦想、胸怀、学习、勇气、培养责任感等12个人生成长的方方面面，告诉男孩解决问题最直接的方法就是学会改变自己，成为一个更好的自己；并且用真实的案例引导男孩学会自处，学会乘风破浪，学会扬帆起航，成就最棒的自己。

图书在版编目（CIP）数据

做最棒的男孩 / 李震，陶玲编著. ––北京：中国纺织出版社有限公司，2019.11
ISBN 978-7-5180-6306-2

Ⅰ.①做… Ⅱ.①李… ②陶… Ⅲ.①男性—成功心理—青少年读物 Ⅳ.①B848.4-49

中国版本图书馆CIP数据核字（2019）第119949号

责任编辑：赵晓红　　特约编辑：李　杨
责任校对：武凤余　　责任印制：储志伟

中国纺织出版社有限公司出版发行
地址：北京市朝阳区百子湾东里A407号楼　邮政编码：100124
销售电话：010-67004422　传真：010-87155801
http://www.c-textilep.com
中国纺织出版社天猫旗舰店
官方微博http://weibo.com/2119887771
三河市宏盛印务有限公司印刷　各地新华书店经销
2019年11月第1版第1次印刷
开本：710×1000　1/16　印张：13
字数：139千字　定价：39.80元

凡购本书，如有缺页、倒页、脱页，由本社图书营销中心调换

前　言

　　曾经听很多人说，女孩子天生性格乖巧听话，因而总是很优秀，好教养。而男孩生来性格顽劣，不受管束。所以，相比较于女孩，同时期的男孩总是显得劣势很多。为此，男孩通常很苦恼，不知该如何让自己成为最棒的。但我想说，亲爱的男孩，优秀从不是天生的，更没有性别区分、天性使然这一说。我们或许会有因为不同个性而产生不同的成长烦恼，但这是我们所有人都会遇到的问题，从来与性别无关。这世间，并不是所有人都能够成为最棒的自己，很多时候，有些人只是早早地把握了正确的方向，掌握了让自己变得更加优秀的方法，再加上努力进取，因而总是表现优异。所以，人生最平等、最公平的地方莫过于：任何人只要方向正确并且掌握了让自己变得更加优秀的方法，再付诸实际行动，就没有理由不优秀。而这一原则，适用你我，适用所有的男孩与女孩。

　　王城曾经很沮丧，因为他发现自己无论怎样努力都赶不上自己的哥哥王鑫。从小到大，王鑫就是全年级成绩最好的那一个，而王城的考试成绩总是比哥哥低好几分，即便有时候发挥超常，也只是跟哥哥平齐。所有人的目光似乎都在哥哥身上。为此，王城一度很苦恼，不知道自己存在的意义是什么；后来，爸爸安慰王城："你和哥哥都是我和妈妈疼爱的儿子，爸爸和妈妈希望你们两个都能成为各自精彩的自己。所以，你不必成为另一个哥哥，你只需要成为一个最好的自己。"这句话犹如醍醐灌顶，王城一下子就明白了问题所在，从此开始寻找自己的兴趣点和优势，最终，虽然他成绩依旧没有哥哥好，却打得一手好篮球，令哥哥羡慕不已。

　　亲爱的男孩，你看，不论是在什么行业、什么阶段，又或者是什么样的人生里面，我们或许都会遇到一个永远都赶不上的令我们崇拜、羡慕甚至有点嫉妒的人。这是生活的常态，我们无法改变，但是我们能够作出不一样的选择——选择不断超越自己，做一个最棒的自己，最终，我们也会有自己的精彩。

　　亲爱的男孩，尺有所短，寸有所长。我们每个人都有自己独特的所在，如果我们只是为了模仿和超越别人而活着，那么这样的人生必定是无聊且没有意义的。我们每个人就像是天空中的星星，每一颗星星看似一样，实际却千差万别。只有每个人都精彩地做自己，活出属于自己的独特，这世界才会变得更加丰富，更加美好。由此，亲爱的男孩，我们无须将自我生活的重心放于他人身上，我们只需要学会做自己，学会和自己对比，将今天的你和昨天的你相比较，一步一步，成为一个越来越好的自己。因为，亲爱的宝贝，在这世界上，只有你自己最有条件，能做到成为"最棒的你自己"！

　　由此，亲爱的男孩，我们或许会有很多不够好的地方，我们也或许会受客观条件所限，会有很多无法精通的事物。但是，我们没有必要自暴自弃。就像是李诞曾经说过的——"人间不值得"，与其过多地在意别人的目光而畏手畏脚地不敢做自己，我们不如学会改变自己的心态，将所有的时间都放在提升自己，让自己变得更好、成为最棒上。毕竟，亲爱的男孩，人生中的任何事情都没有成就自己更重要，首先成为最棒的自己，你才有资本和能力去改变某些人、某些事。

　　谨以此书献给所有在迷茫中、看不清前方道路的孩子们，希望我们每个人都能够找到心之所向，成为梦之所望！

编著者

2019年1月

目 录

第1章
做自信的男孩，无论身处何处都要发光发亮

爱迪生说："自信是成功的第一秘诀。"曾经，我以为这句话太过玄乎，神乎其神，没有切实的可操作性。后来，越长大，经历越多，便越明白：的确，自信对于每一个自我来说就像是一根擎天柱，能够为你支撑起理想的天空。自信，是对自我人生的一种肯定，有了自信，距离成功就缩短了一半的距离；自信，是对面临处境的从容不迫，有了自信，就有了继续坚持下去的欲望和毅力。自信的人，会赶走怯懦和沉睡，竭尽全力开发自己的潜能；自信的人，会接受风雨的考验，走向人生的圆满。

自信助你成就更好人生

李娜，可以说是中国当代当之无愧的网坛一姐，她曾在她的网球职业生涯中获得了两次大满贯，整体成绩在全世界排名第二。然而，在网坛叱咤风云的李娜并不是一直都是这么自信飞扬的。

能够进国家队打网球，为国家赢得荣誉，一直是李娜父亲的心愿。然而，父亲的身体状况不允许他为了这一梦想而努力。于是，父亲将所有的希望都寄托在了李娜的身上，早在她9岁的时候，父亲就将她送去体校学习打网球。将李娜送进体校以后，父亲的身体状况越来越差，最终，他在李娜14岁的时候就不幸去世了。而受到李娜父亲临终嘱托的体校启蒙老师余丽桥，自知责任重大，便对李娜的要求越来越严格。余教练对李娜采取的是打压式教学，从十二三岁跟着余教练训练，一直到21岁第一次退役，在将近10年的时间里，李娜没有听到过教练一句表扬的话，更不要说得到她的鼓励。由此，李娜从来都不自信，甚至有点自卑，每每在关键时刻，总是拿不出那份该有的自信去面对眼前的困难。据李娜回忆，曾经，她以为自己就会这么与网球结束关系了。

直到2012年，李娜的人生出现了转折。这一年，李娜遇到了网坛名将海宁的前教练卡洛斯。早在第一次见面的时候，卡洛斯就对李娜说："我担任你的教练，不是来要求你哪些是必须做的，而是帮助你想明白自己应该做些什么，让你了解为什么自己要打网球，为什么自己会喜欢打网

球。"卡洛斯在训练的时候很喜欢鼓励李娜，却发现李娜不太爱回应他。卡洛斯对李娜说他很满意她的状态和训练结果，李娜却说："你就哄我吧，反正我从小到大也没有受过什么表扬。"这句话让卡洛斯开始关心起李娜从小的成长环境。为了帮助李娜打开心扉，卡洛斯教练让李娜告诉他令自己印象最为深刻的童年往事。回忆起童年，30岁的李娜泪流满面。李娜说："从小到大，还没有人这么耐心地听我说过这么多的话。"了解了症结所在的卡洛斯，为李娜开出了"药方"：重新去找余丽桥教练，用20分钟的谈话去解开一个心结。当时的李娜觉得很惊讶，更觉得不可能，时隔这么多年，自己怎么去找她？

后来，30岁的李娜还是去找了余教练，尽管当年余教练曾经伤害过15岁李娜的心。结果，神奇的是，李娜发现，她和余教练竟然心平气和地聊了20多分钟。后来，李娜说："我不是说完全认可了这个人，只能说是我可以去接纳这个人了，这是挺伟大的第一步。"在央视的《开讲啦》的舞台上，李娜说："卡洛斯教练让我找到了真正的自己。"从此，找到自信、找回自我的李娜，一步一步地走上了自己网球的巅峰。

亲爱的男孩，你看：自信的人就像是阳光，会照耀别人，会积极地追寻着自己的梦想。而内心充满自卑的人就像是行走时背负了一个大包袱，只会压得自己喘不过气来，更谈不上活出自己的精彩。其实，现实生活中的我们也经常会碰到这样的情况：明明是同样的事情，同样的人，却常常会遭遇到不同的待遇，因而产生不同的结果。对此，有人觉得这并不公平，但其实仔细想想，这也并不奇怪，因为我们每个人的眼光以及个人经历本就不同，所以理解事物的角度也总是不一样的。但是，虽然每个人的人生会有多种的可能性，但要保持自信却都是必需的。

亲爱的男孩，就像是哲学家苏格拉底曾经说过的："一个人能否有成就，只看他是否具有自尊和自信。因为，每个人主宰和战胜命运的首要条件就是自信。"而我们也总是越长大才会越明白：人生最大的缺失，莫过于失去内心的自信。可以说，一个人只要有自信，最终就能成为自己希望成为的那个人。因为有自信心的人往往可以化渺小为伟大，甚至化平庸为神奇。生活中的我们往往都会有这样的经验：如果我们自信能够成功，那么成功的可能性往往就会增加很多；而一旦我们没有自信，没有目标，我们通常也会俯仰由人，一事无成。

亲爱的男孩，自信是面对人生挫折的一种胆略，是一盏能够为你指明前进方向的明灯，是一种能够让你爆发出巨大潜能的带动力量。我们常常只会看到别人的美好和拥有，却对自己的拥有视而不见，生出许多自愧不如甚至自卑自怜的感觉。但其实，亲爱的男孩，我们每个人生来都足够好，都拥有足够多的智慧、力量与爱，只是后天的经历让有些人的自信蒙尘，感到自卑。这时，我们要做的不是破罐破摔，自暴自弃，而是勇敢地拂去灰尘，重现自己的美好。因此，面对不自信，亲爱的男孩，我们首先需要学会的就是做最好的自己，所有别人的拥有、别人的标准都只是一个参考，我们只要学会发现自己、做好自己，丰富自己的生活，将关注点放在自己身上，就有可能让自己的生命更加充盈，更加美好。

自信源自内心，与其他无关

曾经，别人说什么我都会觉得可以、蛮好。我从未认为自己没有主见，只会认为自己是一个性格随和、对什么都不会有强烈意愿的人。直到上初中以后，繁重的学业开始占据我大部分的生活，我的体重突然开始飙

升，变成了众人眼中的一个小胖子，每每听到别人说出那句"呀，你怎么变胖了"的时候，我才知道自己的内心竟会对一句话如此耿耿于怀。自此，"呀，你怎么又胖了"这句话，成了我最讨厌的一句话，没有之一。也从此，在我尚未意识到的时候，自卑这颗种子已经深深地埋在了我的心中。

记得一开始的时候，我只是脸上和手臂上变得有点肉肉的，但是，每当到了露胳膊露腿的夏季，总是会有各式各样的同学或者亲戚指着我说："你看你爸妈把你养得多好，真结实。"爱美之心，人皆有之，即便我是一个男孩子，又正处在叛逆的青春期，我也知道他们这样描述必定是因为由衷地觉得我有"一点"胖。所以，每每听到这样的评论，我都会生气地扭过头去不说话。我很想绝食抗议，但总是会被妈妈驯服，等到高中的时候，看到每个人都在拼尽全力向高考冲刺，绝食减肥会影响身体，继而影响学习精力，只会让自己更加落后这样的忧虑让我逐步放弃了减肥的计划，每天吃完了就坐在书桌边开始学习，缺乏足够运动锻炼的我当然会迎来大写的悲剧，高二结束的那一年，我就已经成了一个不折不扣的胖子。自此，同学给我的建议都是这样的："小胖子，你真的可以开始减肥了。"但是，眼看高三冲刺了，我又怎么肯在这个时候分出精力减肥呢？好不容易等到高三毕业，我顺利考上了一所还不错的大学。

高考结束后的那个暑假，我开始了实施减肥计划。然而，长肉容易送肉难，不管我每天吃或者是不吃，体重秤的读数仿佛都没有变过。连续好几天的绝食让我一度虚脱到走一步路都嫌累，加上父母的反对，绝食减肥计划很快就被放弃。于是，我决定正常吃饭，然后加大自己的运动量。这个时候的我仍旧是一个大胖子，最讨厌的事情就是逢年过节去亲戚家，我的体型总是会被亲戚们议论上几句。

在发胖之前的小学和初中，我很喜欢穿有型的衬衫和各种背心线衫，配上小小的西服。在发胖以后，我只能穿清一色的运动服和运动鞋来遮挡身上的肉肉。久而久之，我开始自暴自弃，完全没有心思去找好看的衣服穿，只会认为自己不管穿什么都不好看。偶尔有人夸我帅气的时候，我都会下意识地觉得别人一定都只是在安慰我。这种不停自我否认且自我放弃的消极状态一直持续了很久，因为胖这一点，在很长的一段时间里，我渐渐开始忽略自己身上的其他优点。我始终只认为自己不过只是一个胖子而已。

这种不停否认自我的自卑消极状态在大学一年级的时候到达了顶峰。在同龄人都开始尝试搭配、捯饬自己，向心仪的姑娘表白的时候，我根本没想过这件事情，大多数的时候还是穿着根本不适合我的休闲服晃悠，将我原本就有些臃肿的身材显露得更加明显。我也从没有想过要修饰自己，头发很长，快要遮到自己的眼睛，出门的时候永远都只是随意地抓两下，还特别漫不经心，自诩为个性的凌乱美。更糟糕的是，自卑带来的其他边际效应也开始慢慢出现。我不仅觉得自己长得一般，天赋一般，连和同学正常的交流都出现了问题，很多时候我都会下意识地躲避和陌生人的交流，因为我总是觉得自己长得太胖，别人会因此而嘲笑我。即便遇到了喜欢的女生也从来不敢靠近，更不敢表露心迹。

记得那个时候，大家都喜欢在QQ上为自己的好友评价，贴上对应的标签。我收到的最多的评价就是聪明，有才华，有时会被评价为较温和。每每看到这些评价的时候，我就会想，夸一个男生温和，就是说他没有个性并不帅气吧。接二连三失败的减肥结果让我对自己越来越失望，更加不敢迈出前进的步伐。就这样，我一直处于这种无限的恶性循环之中。回想起来，那段时间，我对拍照这件事情特别抵制，现在能找到的照片大概也就

一两张大合照。

我想，如果你认识现在的我，你一定不会想到我曾经有过这样的一段经历，有过这么消极的心态，但是，那时的我就是真真切切这么想的。当时的我并没有意识到，胖或许是我自暴自弃的最大因素，但真正引发我身后这么多恶性问题的根本原因则是我那时发自内心的自卑。可以说，是由自卑带来的这些不自信，让我的状态一天比一天糟糕。

大二下学期的时候，我真的减肥成功了，瘦下来有足足30斤。体重对于一个人的影响可能真的是致命的。只因为这一件事情，我就觉得自己开始变得帅气了，我开始修饰自己，捯饬自己，思考怎样才会让自己变得更帅气。同时，我积极参与学院组织的一些文体活动，敢于在学校的舞台上展现自己。我还报名了街舞和轮滑社团，开始练习街舞和轮滑，每当有演出的时候，我也总能听到台下的小女生们发出一两句"好帅啊"的赞叹声。更神奇的是，自从瘦身成功以后，我连话都变多了，人也变得开朗了很多。

或许你会说，果然还是因为瘦身成功，瘦了才给你带来了自信。其实并不尽然，走过这段经历以后再回头看，我才发现，真正影响自己的其实还是心态。就在大学毕业进入工作单位以后，我曾经有幸被安排到国外调研工作过一年。可能是因为国外饮食文化的差异，食物大多数是高油高热量，我的体重在短短的一段时间内又飙升了回去。但是这一次我并没有像以前一样自暴自弃。我开始规律地去健身房健身，更加注重我饮食搭配的均衡性。虽然，直至现在，我还是没能瘦回大二下学期时的样子，却也不再是之前那个自卑的胖子了。

亲爱的男孩，我们每个人身上其实都会有感到自卑的点，或许是你的身高、你的相貌、你的体重，又或者是你的家庭背景、出生条件和曾经经历过的一些事情。但是，亲爱的男孩，请你相信，这些外在因素固然是影响你心态的一个重要因素，但是最根本的还是你源自心底的自信。亲爱的男孩，希望你能够记住，无论是什么重要的外在因素，都不值得你因为这其中的任何一个原因而丢失了一颗相信自己的心。别人怎么看待你确实重要，但更重要的是你如何看待你自己。并且，在大多数时候，你所认为的"别人眼中的你"或许也并不是你想象中的这个样子。由此，亲爱的男孩，你的心态、努力、能力，或者你正在尝试的改变才应该是让你重视和值得你骄傲的东西。因为，源自内心的自信能够为我们带来意想不到的良性循环。

亲爱的男孩，我们会有很多不够好的地方，但是我们没有必要一直自暴自弃。与其过多地在意别人的目光，不如学会改变自己的心态，想想怎样才会让自己变得更好。毕竟，努力才是正事，自信才是王道。

自信是一种境界

年初的时候，有机会陪我的小侄子一起去上了一堂专讲翻译的英语课。其中，有这么一个小插曲让我印象深刻。课堂上，老师为了激发孩子们开口练习英语的积极性，鼓励同学们走到讲台上对一段话进行翻译，并作出自我解释，进行相关课题的一个演讲。坐在台下的同学会为这些上台演讲的同学打分，得分最高的同学能够获得老师的奖励。课堂里大多数是和小侄子差不多大小的初中生，也有个别看着年纪稍大一点的高中生。在孩子们演讲的过程中，通过观察，我发现：自信的态度有时候比扎实的业务能力更重要，尤其是对于翻译来说。当然，这也并不是说业务能力的扎

实程度并不重要。只是相比较来说，在相同的业务能力状态之下，自信能够为你增添光彩。

记得第一个上台的是一个看似很柔弱的小女生，戴着一副大大的黑框眼镜，体型高瘦，好似一阵风吹去就能将她吹走。老师说了一段英文让她翻译成中文，她的笔记记得非常好，条理清楚，一段话中的要点都被她准确无误地记了下来。但是，在最后开口表述的时候，她语气中的不自信和扭捏的肢体语言让所有人都怀疑她说的不正确。女孩的口气平平，用读书的方式说着每一句话，所有的词组都没有重点，让人听了云里雾里。除此之外，女孩还用胆怯的小眼神时不时地瞥一眼老师，好似一个做错事的孩子正在胆战心惊地辩驳。而另一个上台的女孩，则举止大方，声音洪亮，虽然有个别的词组没有翻译正确，却没有人会觉得她说错了，大家都觉得她的表现更好。

之后，老师邀请我与她一同对上台的这些小同学作点评。对着第一位小女生，我想了半天不知该如何点评，后来只得说了一句："你说话的声音语调可以更加抑扬顿挫一点，这样别人更容易听懂你的意思。"老师开玩笑似的接过我的话茬说，其实她挺适合去给别人催眠的，台下的同学瞬间笑成了一团。

亲爱的男孩，越长大越有所经历，你便越会明白：自信，是我们做所有事情的第一步。如果时刻都用一个怯懦的态度和小学生念课文般的说话方式去面试或者沟通，结果显而易见——只会以失败而告终。记得大一时，一个同学说："高考以前的我们都被要求听话、学习用功。仿佛只要好好听话，认真学习，上了一个好大学以后，不用自己再刻意锻炼，其他的能力就能够水到渠成般地自然养成。于是，高考以后，我们立刻被要求独立，要求成熟，要求成功。但其实，一切哪有这么容易呢？"确实，亲爱的男孩，我们自幼就生长在这充满矛盾的环境之中，大学以前接受到的应试教育都只看重我们对书本知识的学习，却轻视了自我的素质教育。好似只要能考高分，又听父母的话，就能成为一个完美的孩子。现在想来，这种看似单纯的想法其实害了不少孩子。一个人要经历过多少眼泪，多少内心的折磨和纠结，甚至被伤害或被欺骗，才能真的找到一条属于自己的路，具备内心真正的自信，成为一个具有完整人格、知道自己的人生该追求什么道路的完美的人。

有人以为自信来自成就，而成就来自他人的肯定。其实，这样的观点让我们在无形中将建立自信的基础交到了别人的手中，好似只有别人对你认可，产生肯定，我们做的事情才有了意义。其实，亲爱的男孩，并不尽然。人生中的很多事情，并不是先有了肯定，先有了希望，才会有自信和坚持，而是先有了自信和坚持，才会有希望和肯定。这并不是空口无凭地撒鸡汤、抛诱饵，而确实是从无数个成功经验中总结出的定律。不信，你回看曾经的马云和马化腾，他们有谁不是排除万难，勇往直前，坚持不懈，甚至不管不顾地向前推进自己的设想？虽然这些设想在当时看就是毫无希望，痴人说梦，但他们就是凭借内心的坚定和自信一步步地坚持，一步步地向前，最终真的成就了中国新时代的电商帝国。而这一切成功，可以说，最不可或缺的，就是自信。

由此，亲爱的男孩，请你相信：人生在世，无论你想要做什么，想要追求什么，首先都需要你学会付出，学会应对。而这一切付出的基础，能够让你坚持付出下去、毫不退缩的动力，就是你无所不在的自信；也只有拥有自信，才能让自己在这个社会上生存和立足。亲爱的男孩，要拥有自信，并不是从小好好听课就可以，因为自信从不完全是与生俱来的馈赠，想要得到它，更需要我们承受磨砺，学会吃苦，学会在不断的否定声中肯

定自己，即便面对质疑也能够认真分析，不断坚持。除此以外，它还需要你有一点倔强，需要你学会对自己下点狠劲儿，最终才能将自信变成你为人处世的本能。

亲爱的男孩，自信是发自心底地接纳自己，而一个人看待自己的方式，往往就决定了他能到达的高度，能拥有的价值有多少。由此，只有学会勇敢地拥抱自己，接纳并不完美的自己，不断努力向上，漠视毫无关系的非议，才能从心底里相信自己，拥有自信，开始真正拥有属于自己的人生。

每天给自己积极的正向反馈

美国心理学家博恩·崔西曾经说过："潜意识对于一个人的作用，可以产生三万倍的力量。"那么，究竟什么是潜意识？私以为，潜意识是你意识不到的地方，是你内心深处不宜轻易被察觉的地方，更是你真正信仰、奉之为根本所在的领域。

有人说，潜意识既不易被察觉，又不易被意识，那如何去激发它呢？私以为，激发自我潜意识最好的方法，就是学会心理暗示。暗示自己一定可以，暗示自己是最棒的，一步步地，你就会变成你想要的样子。

阿里是拳击界里的一个传奇。他从12岁开始走上拳击的道路，一直打到了生命的尽头。这一生，他获奖无数，受万人景仰。有人问拳王他的成功秘诀是什么，该怎么训练才会跟他一样勇猛。他的答案，简单得超乎你的想象。他告诉众人：第一，他要求自己每一拳打出去都要比上一拳更有力；第二，不论在什么环境下，他都相信自己应付得来，他相信自己永远都是最棒的。

他是这么说的，也的确是这么做的。在训练的时候，不管用什么样的训练方法，遇到任何老师给予的不同比赛理念，他都要求自己一定要做到一点："每一拳打出去，都要比上一拳更加有力。"在比赛的时候，熟悉他的观众都知道，每次比赛之前，他都会对着镜头大喊："我是最棒的，我是不可战胜的，我是冠军。"而他的成绩，恰恰也都证明了这一点。

由此，亲爱的男孩，无论你相信与否，积极的心理暗示总是会对一个人的进步与成功产生非常重要的影响。每天坚持重复给自己正向的反馈，告诉自己我是最棒的，告诉自己我今天不会失败，告诉自己我一定会成功。久而久之，你每天的这些正向反馈就会帮你塑造出越来越强大的气场，帮助你成为更好的自己，直到成为你梦想中的样子。

心理学家郝罗科做过这样一组实验：他找到20名实验人员，将他们分为四组，让他们在四种不同的诱因前提下完成任务。他设定第一组为表扬组：不论每次的任务完成的结果怎么样，他都会给予肯定和表扬。设定第二组为训斥组：即便任务完成得不错，每每结束的时候他都会训斥全组成员。而第三组设定为忽视组，就是每次任务结果都不给予评价，既不给表扬，也不给批评。第四组被定义为控制组，让他们与前三组隔离开来，没有任何联系。

最终的实验结果很快就出来了。数据表明：第四组控制组的表现最为恶劣，其次就是忽视组，紧接着就是训斥组，而各项数值最高的，就是表扬组。由此，可以想见：积极的正向反馈对每一个人的行动结果至为重要。只有持续不断地重复给自己积极的正向反馈，你的人生才会慢慢变好。其实，亲爱的男孩，想要做到这一点，一点都不难，你只需要学会坚持，学会自律。你可以每天只坚持做一件小事，在快要放弃的时候不断告

诉自己坚持重复做下去，如每天早起，如每天坚持阅读，如每天给自己积极的正向反馈，长此以往，你的生活真的会因此而改变。而这，也是重复的力量。

每年"双11"的时候，淘宝的当日成交额总会令国人瞩目。尤其是2018年，2135亿元的成交额简直刷新了所有人的认知。要知道，10年前，也就是2009年，淘宝刚刚开始这个"双11"活动的时候，当年的成交额只有5000万元，就已经让人大跌眼镜了。据阿里巴巴现在的总裁张勇回忆，最初做这个活动的时候，是因为淘宝的销售不行了，他们没有其他好的办法，只能想办法活下去。

于是，他们为了能让更多的消费者记住淘宝，就准备联合一些商家和品牌企业一起搞一场活动。那时候，负责这场活动的人员是淘宝市场部的一位主管，那位主管在当时汇报这场活动的时候只说："我们想搞一个活动，五折促销，预算两千万。"寥寥几个字，张勇给到的回复更简单："OK。"记得活动开始的那天，张勇去了北京出差，还和朋友一起去吃火锅。他根本就没有把这场活动放在眼里，看到活动开始的消息时，他只是发短信问候了一句："记得汇报进度啊。"没想到，一下子就爆了，一天5000万元的交易额。

后来，每年"双11"的宗旨都没有变过，就是吸引更多的商家，带来更多的折扣，吸引更多的消费者来参与。从2009年到2018年，10年来他们一直都在遵循这个宗旨，一直都在执行这个策略。就这样，一个正确的宗旨，一个很好的策略，将复杂的事情简单地一件一件做，将简单的事情重复地认真去做。10年后，2135亿元，人类商业史上的巨大奇迹诞生了。

亲爱的男孩，当你看到这耀眼的数字的时候，或许你会惊叹，会叹为观止，但你可曾想过，在最初的时候，这也只是一簇小火苗而已。他们所做的，不过是不断地重复，再重复，添柴，再添柴，进步一点点，再进步一点点。于是，终有一日，星星之火，足以燎原。亲爱的男孩，天下大事，必作于细；天下难事，必作于易。人生中所有的伟大，拆解下来都不过是一点一滴地修正；所有更好的自己，拆解下来也都是由之前的自己一点一点变换而成。所以，不要以为事情有多难，或者人云亦云地感慨人间不值得。人间到底值不值得，只有你经历了，得到了，了解了，你才能够真的知道。由此，亲爱的男孩，从现在开始，每天坚持早起，每天进步一点点，每天给自己积极向上的心理暗示，每天给予自己正向的反馈，终有一日，你也可以成为你想成为的那个人。

赶走自卑，唯有靠你自己

记得读研的时候，我后期并没有继续读博的打算，便提前出去工作了两年，等到毕业以后，资历虽然很一般，但是跟同届同学相比，经验还是多一点。后来，有一位同学选择了读博去专业学校任职授课。有一次，她找到我，让我抽空去她们学校为学生作一个演讲，主题就是相关专业的企业概况。我想都没想就拒绝了："我算哪根葱，凭什么去给大学生作演讲？而且，我从没有演讲的经验，也并不风趣幽默，当众说话反应也欠缺。"朋友却笑着跟我说："我既然来邀请你，就说明你够格，你怎么连这点自信都没有呢？"见我还是拒绝，朋友临走的时候认真地对我说："在这个世界上，你若不自信起来，难道指望别人来替你赶走自卑吗？"

朋友走了以后，我突然想到了自己第一次面对客户的时候。那时，我读到研二下学期，刚刚入职两个月，通过了初步的培训，店长为我安排

了第一个客户。第一次到客户家中拜访，我的心中既激动又忐忑。前一天晚上，我不断地练习着见面话语和专业术语，想要尽力做到完美，却从没有想过就此成交，总觉得成交获得业绩是一件距离我非常遥远的事情。后来，店长对我说："你要相信你自己的专业度，你研究生毕业，还受过专门的培训，你了解到的肯定比客户要更加专业。在一切还未尘埃落定之前，为什么不努力尝试一下呢？"听完店长的话，我想想还真是这么一回事，于是努力静下心来分析了一切可能性，并提前为每一种可能性想好了对策。等到见客户的时候，我冷静应对，竟然真的赢得了客户的信任，成就了我的第一笔业务。再后来，我又陆陆续续成交了一些业务，我的自卑感也得到了很好的治愈。

于是，我便告诉自己："如果不是当初自己沉着冷静地准备，成交了第一笔业务，自卑的我又怎么能收获更多业务成交的喜悦呢？现在，又是一个当众演讲的机会，需要磨炼，需要认真准备，还没有尝试一下，又怎能直接放弃呢？尝试一下固然有可能失败，但是，不尝试，就连最后的结果是什么都不知道了。"打定主意以后，我便接受了朋友的邀约，并开始为演讲进行周密的准备。最后，演讲如期进行，虽然，由于我的紧张和临场发挥经验的不足，效果可能没有预期的理想，但也算是顺利完成了朋友的嘱托。演讲后的互动也非常热烈，显然学生们对我还是认可和接受的。我知道，这并不能说明我的演讲就有多么成功，但至少证明我充满自信的准备是有感染力的，从而让演讲有了不错的反响。

后来，就如同当时接触第一个客户一样，第一次的演讲对我的后来发展也是有些促进作用的。正是有了第一次接受演讲的经验和准备，后来我又在不同的场合进行了演讲。一改曾经的畏首畏尾、纠结和怯懦，我开始勇敢地接受各种邀约，也接受更多对自己的挑战。如今，我的专业能力越来越强，演讲能力也不断得到了提升。自信不仅让我轻轻松松赶走了自卑，也让我勇于接受更多的挑战，让我有机会成为更好的自己。

后来，每每心有胆怯的时候，我便告诉自己：自卑从没有我想象中的这么顽固，更不是什么难以治愈的疑难杂症。即便心有自卑，只要勇敢地用自信取而代之，就像是一个冉冉升起的小太阳，再阴沉的雨水天气也终会烟消云散。

亲爱的男孩，所谓自信，简而言之就是自己相信自己。试想，如果自我的信心要靠别人给予，该是一件多么荒唐的事情。须知，即便是别人相信你，你却对自己没有信心，也是不行的。亲爱的男孩，真正的稳固的自信只有内心足够强大的人自己能够给予，自信不仅是我们人生的起跑线，决定了我们与他人不同的起步，更是我们人生的发动机，能够让我们在遇到困阻的时候创造新的吉尼斯世界纪录。

亲爱的男孩，自信与否从来都是我们自己的事情，既没有人能够帮助我们赶走自卑，更没有人能够替我们作出人生的决定与选择。而只有勇敢地用自信去赶走内心的自卑，才有可能走出低迷的沼泽，潇洒地走向更明媚的新世界。由此，亲爱的男孩，如果此刻的你正深陷在自卑的沼泽里，犹如困顿在沙漠中迷途的羔羊，看不清未来的方向，那便不如放下心中的纠结与胆怯，通过自己的努力穿越困局，潇洒地挥一挥手，留下奋斗的背影，最终成为最强大的自己。

你的优秀超乎你的想象

"你精通数学吗？"中年男子问站在对面的一个小青年。青年羞涩

地摇了摇头。"那，历史和地理怎么样？"中年男子接着问道。青年还是不好意思地摇了摇头。"那法律呢？"男子继续追问道。这时，青年窘迫地低下了头，一言不发。面对中年男子的连连追问，青年都只能以摇头或者低头来回答，就好像在对外宣布：我一无所长，连丝毫的优点也找不出来。这样的过程谁都不想经历，这样的经历谁遇到了都会感觉到沮丧甚至难堪。但是，很多时候，别人的发问和探求只是代表了他心中的所思所想以及他所认为的对与错、优与劣。这代表了他的立场和诉求，却并不一定刚好符合你的情况。这时，如果你就此看轻自己，开始自卑，甚至自暴自弃，实在不是明智之举，只有多多尝试，继续发掘自己身上的其他优点，才能为自己找准合适的位置，走好以后的路。就像上文中的青年，面对中年男子的提问，频频摇头，似乎连一项优点也找不出来。但是，等到离开的时候，中年男子让青年写下自己的住址，以便日后联系，青年一手漂亮的字让中年男子眼前一亮，并诚恳地对他说道："你的字写得很漂亮，这就是你的优点，你不该只满足于找一份勉强糊口的工作！"

字写得好也能算是一个优点吗？或许，你我都与当时的青年一样，内心对这个小小的特点充满了质疑。但是，不可否认，亲爱的男孩，你我作为这平凡世界的普通人，我们身上没有能够拯救世界于水火的超强能力，我们能够拥有的或许就是"字写得好"这样的小优点、小优势。但只要我们将自我身上的这些小优点认识到位，并且放到正确的位置上，不断放大，加以发扬，我们就有可能成就自己的一番小事业，成为自己世界中的小英雄。

受到鼓励的青年一点点放大自己"写得一手好字"这样的优点，开始学着写出漂亮的文章，经过数年的努力以后，青年果然写出了享誉世界的经典作品——《基督山伯爵》《三个火枪手》。没错，这位青年就是举世闻名的18世纪法国作家大仲马。由此，亲爱的男孩，希望你能够明白：很多时候，我们的成功都是来自我们的自信，源于我们能够找出自身的优点，并努力地将其放大，放大到成为超越自己和他人的明显优势。

很多时候，亲爱的男孩，你所认为的不优秀其实并不是你真的不优秀。只是你还没有找对自己的位置，还没有将自己安放在一个合适你的位置上。私以为，很多时候，大多数人之所以会自卑，都在于别人尚未鄙视你，你自己却已经率先开始鄙视自己了。更有甚者，别人或许根本就没有觉得你有任何问题，你自己却总是杞人忧天地担心他人的想法，无故为自己套上了很多的枷锁。但其实，亲爱的男孩，这其实是你在自寻烦恼。如果你真的尝试去与那些很强大、令你崇拜的人去交流一下，你就会发现，其实从未有人会故意地瞧不起人，相反，或许他们也会羡慕你某个方面。你所认为的不够优秀，其实是在拿自己的薄弱项去与别人多年积累以后形成的优势作对比，对自己期望太高，才在无形中给了自己莫大的压力。这时，你需要做的其实是适当地降低对自我的期望，让自己有勇气面对现状，过好自己平凡的人生。

说到自卑，其实，亲爱的男孩，人人都会有感到自卑的时候，只是外在的表现形式可能会多有不同。就像有的人可能从小体弱多病，家里又比较贫穷，相貌上也不是很好看，在学校里总是会遭到同学的欺负，这样的环境下他极有可能会变得比较自卑。而有的人从小家境优渥，一直饱受周围人的赞美和爱护，一路顺风顺水地长大。等到工作以后与别人相比、同他人相处的时候，他说话做事总是毋庸置疑，说翻脸就翻脸，其表象是任性，本质的原因却也是内心的自卑。由此，成长环境固然会对一个人自卑的形成产生影响，但更重要的影响因素则是一个人对自我过去经历的解读。如果一个人在自我的意识里面一直都是无力的，那么他永远也不会变

得强大，只会自暴自弃。只有将自己定义为有力和强大的，对自己过去的经历重新解读，学会超越自己，最终才能够获得新的成就，成为一个优秀的人。

亲爱的男孩，希望你能够明白：有时候阻碍我们前进的因素其实并不来自别人，而来源于我们自己。很多时候，都是我们先将自己定义为弱小，定义为"不行"，是我们自己先丢掉了信心，别人才会对我们不相信甚至轻视。由此，亲爱的男孩，与其恐惧、纠结、担忧，不如立刻行动。要知道，消除恐惧的最佳方法，其实就是立刻去做那些曾经令你恐惧的事情，不断去尝试和练习那些曾经令你感到自卑的事情，将你所有的精力都用于努力行动，而不是无故忧虑却不作任何的改变。也只有不断练习，终有一日闯关成功，你才会发现：曾经那些令你不自信的点，不再是你的软肋。并且，你从没有你想象中的这么弱小，只要你想，只要你勇敢地行动，你会发现，其实你也可以很优秀。

第 2 章

无梦想难以致远，有志气的男孩才能到达彼岸

很多人都喜欢听歌曲《真心英雄》，尤其是正处于追梦年纪的男孩，每当听到《真心英雄》都会忍不住跟着一起哼唱。"在我心中，曾经有一个梦，要用歌声让你忘了所有的痛；灿烂星空，谁是真的英雄，平凡的人们给我最多感动……把握生命里的每一分钟，全力以赴我们心中的梦，不经历风雨，怎能见彩虹，没有人能随随便便成功……"在这首歌里，我们知道了梦想，也知道了实现梦想的艰难。作为男孩，你更要有梦想，有胆识，有气魄，才能战胜生命中的各种艰难坎坷，顺利到达人生的彼岸。

心态积极，才能实现梦想

树立梦想很容易，只要知道自己想要收获怎样的人生，想得到什么，就可以初步树立梦想。然而，即使是很小的梦想，要想实现也很艰难，这是因为世界上从未有一蹴而就的成功，更没有天上掉馅饼的好事情，每个人要想获得成功，就必须脚踏实地、坚持不懈去努力。命运对于每个人都是公平的，从来不会因为男孩还小就偏袒男孩，而是同样给予男孩很多的考验，让男孩必须付出艰苦卓绝的努力之后才能距离自己理想的彼岸越来越近，才能有更大的可能性获得成功。

既然成功的道路从来不平坦，我们要做的是什么呢？不是怨天尤人，不是轻而易举放弃努力，而是认准目标，更加坚定不移，勇往直前。只要付出足够的努力，只要坚持足够长的时间，功夫不负有心人，我们最终就算不能完全实现梦想，至少也可以距离梦想越来越近。更重要的是，积极的心态不但会给予我们源源不断的动力，也会给予我们愉悦的心情和不服输的精气神。当我们面对困难，总是习惯性地做好自己该做的事情，从来不会动摇继续努力向前的决心时，我们就会更加坚强勇敢，推动自己走到人生的巅峰，创造生命的奇迹。为此，不要觉得梦想难实现，若努力不曾开花结果，只能说明你努力的程度还不够。只要更加勇往直前，更加相信自己，尊重命运给予我们的每一次机会，我们就能振奋精神，活出自己的精彩。

　　很多人都喜欢看好莱坞硬汉史泰龙主演的电影，是史泰龙不折不扣的骨灰级粉丝。史泰龙从小家境贫苦，生活非常艰难，始终在生存线上挣扎。但是，这一切并没有妨碍他树立梦想，为了尽早摆脱糟糕的生活和厄运的纠缠，史泰龙最大的梦想就是成为一名演员，成为好莱坞电影明星。为此，长大之后的他背起行囊离开家乡，去了好莱坞。为了距离梦想更近，他在好莱坞打杂，每天都要做很多繁杂的事情，还怀揣着明星梦观察演员们的表演。然而，一年多的时间过去，史泰龙觉得自己没有任何进步。他认为这样继续等待根本不可能得到机会，为此改变想法，决定要写剧本，自己出演。

　　说干就干，他当即开始动笔，花费了很多时间才终于把剧本创作完成。此后的日子里，他一边打杂，一边拿着剧本拜访好莱坞里的电影公司。在当时，好莱坞有500家电影公司，史泰龙拿着剧本一家一家地拜访这些电影公司。然而，一圈走下来，他被拒绝了500次，居然没有任何电影公司愿意给他机会。500次拒绝和失败，换作别人，也许早就放弃了，但是史泰龙没有。此后的日子里，他又拿着剧本再一次、又一次拜访每一家电影公司，却又被拒绝了1000次。直到第四次拜访，在拜访第350家电影公司的时候，他终于获得了成功， 这家公司的老板答应让史泰龙主演。这就是史泰龙的第一部电影《洛奇》，正是凭着这部电影，史泰龙一炮走红，从名不见经传的打杂者，成为大名鼎鼎的当红影星。这次的成功，是史泰龙被拒绝1849次才换来的，得来不易。

　　如果没有坚持的精神，在被拒绝之后就轻易放弃努力，则史泰龙永远也不可能获得成功，就连他的剧本也会石沉大海，再也没有出头之日。幸好，史泰龙足够坚持，足够幸运，为此才能在被拒绝1849次之后，把自己和剧本一起呈现在观众面前，获得了莫大的成功。男孩们，你们能承受

1849次失败的打击，依然心怀希望吗？如果现在还不能，那么就要锻炼自己，吃得苦中苦，方为人上人，要想和史泰龙一样成功，就要付出和史泰龙一样的努力和坚持。唯有如此，才能让人生绽放光彩。

在确立和实现梦想的过程中，男孩还要坚持。很多时候，身边那些关心我们的人未免会对我们的言行举止指手画脚，对此，我们一定要有主见，坚持本心，才能排除万难，砥砺前行。要知道，走得容易的路都是下坡路，而真正的上坡路总是需要我们非常辛苦，花费力气。在生命的历程中，越是艰难的时刻越是要更加坚持，才能熬过艰难，走到人生中春暖花开的时刻。

潜能是一座巨大的宝藏

曾经有心理学家经过研究发现，人的潜能是无穷的，而大多数人所开发的自身潜能很少，就连诸如爱因斯坦、牛顿等伟大的科学家，也只是运用了十分之一的潜能而已。看到这里，相信男孩们一定会感到非常惊讶：我的身体内真的蕴含着这么多的潜能吗？的确如此。潜能就像是一头睡狮在我们的身体内沉睡，潜能也像是一座巨大的宝藏始终隐藏在我们的心灵深处。只有在合适的机会下，我们才能激发自身潜能，更加健康快乐地成长。

很多男孩都有偶像，他们或者崇拜明星，或者崇拜伟人，或者崇拜班级里品学兼优的同学。在看到他人光鲜亮丽的一面时，男孩往往非常羡慕，为此也梦想着自己有朝一日能够结交好运气获得成功。殊不知，一切的成功者之所以能够成功，并不是因为运气，而是因为他们始终都在坚持

努力奋进，哪怕遇到再多的艰难坎坷也绝不放弃，而是激励和鼓舞自己始终向前，无所畏惧，从不退缩，砥砺前行。俗话说，台上一分钟，台下十年功。当我们看着明星在舞台上光环加身时，不要忘记他们从小就勤奋练功，尤其是很多女明星，为了保持良好的形象和纤细苗条的身材，更是从来不敢纵情享受美食。不得不说，其间的艰难和辛苦，除非亲身体会，根本无人能知。

很多人都喜欢羽毛球冠军林丹，尤其是当林丹在2012年的伦敦奥运会中获得羽毛球冠军后，粉丝们更是对他非常崇拜，还有粉丝称呼林丹为"超级丹"。然而，林丹在获得荣耀和光环的背后，付出了艰苦卓绝的努力，还承受过很多的打击和负面舆论。

最初，林丹只是羽坛新秀。很多人都对他寄予了殷切的期望，希望他能够在雅典奥运会上获得冠军。然而，命运总是喜欢捉弄人，在奥运会之前，林丹意外受伤，因而在比赛时情绪非常紧张，在第一轮小组赛中就惨遭淘汰。接下来的几场比赛里，林丹与外国选手比赛，还是落败。即便内心承受着巨大的压力，他也没有放弃，而是潜下心来研究战术。后来，北京奥运会即将开赛，林丹又陷入负面新闻的旋涡中无法摆脱，可以说身心都备受煎熬。林丹没有放弃，全身心投入训练，最终在北京奥运会中战胜对手，赢得了冠军。这个时候，他丝毫没有骄傲，因为他知道自己还有很长的路要走。他怀着谦虚的心态再接再厉，在2012年的伦敦奥运会上再次获得冠军，为祖国争夺了荣誉。可以说，林丹能有如今的成就，与他坚持付出和努力、全力以赴激发自身的潜能是分不开的。

每个人都蕴含着巨大的潜能，能否把潜能激发出来，让潜能迸发出强大的力量，这关系到人生的诸多表现和发展。男孩一定要意识到自己的潜力是无穷的，从而拥有更强大的自信，这样才能在遇到难题的时候绝不轻易放弃，而是拼尽全力努力向前。

激发潜能，首先要有积极的心态，要相信自己，才能具有相信的力量。很多孩子对于自己的能力总是表示怀疑，常常觉得自己无法做到最好，为此也就懈怠了。殊不知，这样从内心里先懈怠起来，只会让一切变得更糟糕。相信是一种很神奇的力量，相信自己的男孩才能驾驭自己的潜能，发挥潜能的作用，创造精彩辉煌的人生。

其次，要想激发潜能，还要改掉那些坏习惯，形成好习惯，因为坏习惯会成为发展的障碍，阻碍男孩成长。只有养成更多的良好习惯，才能助力自身成长，让自己在努力的同时也得益于好习惯，获得长足进步和发展。

再次，男孩要激发潜能，还要学会融入团队，与其他团队成员精诚团结协作。很多男孩自信过度，变得很自负，他们总觉得只要依靠自身的力量就能获得成功，殊不知，一个人即使能力再强，也终究力量有限。尤其是在现代社会，不管是学习还是工作，分工与合作都更加密切，所以男孩一定要学会集合团队的力量解决难题，创造成就。

最后，男孩还要形成核心竞争力，发挥自己的长处和优势，才能有的放矢作出成就。所谓核心竞争力，就是一个人区别于他人的能力，而且是可以发展成为专长的、无可替代的能力。唯有如此，男孩才能利用自身的优势快速发展，让自己更加突出，更加出类拔萃。对于学习到的知识，还要灵活掌握，学以致用，这样才能产生最好的效果，而不至于让知识在心中如同被封存一样无所作为。

总而言之，男孩的潜能是很巨大的，一定要想方设法激发自身的潜能，这样才能快速成长，在生命的历程中有更出类拔萃的表现。如果总是让潜能沉睡，表现平平，男孩当然无法得到良好发展，也会因此而陷入人生中的被动局面。

不断创新，未来才能更具新意

不管是对国家、民族来说，还是对企业、个人来说，创新都是不可缺少的重要能力。国家若缺乏创新力，就只能沦为代加工的工具；企业若缺乏创新力，就会失去生命力；个人若失去创新力，就没有未来可言，人生也会因为按部就班、墨守成规而变得平淡无奇。由此可见，我们一定要创新，才能让未来具有新意，也必须学会创新，才能让人生始终充满动力，不会懈怠和后退。

有人说，创新力就是生产力，有人说，创新力就是生命力。鉴于创新力的重要性，不管把创新力说得多么重要，都不为过。男孩正处在成长的关键时期，更是要从小就有意识地发展创新力，这样，未来在学习和工作的过程中才能有独到的观点和见解，才能另辟蹊径解决问题，而且，这样能让人生变得丰富和精彩，何乐而不为呢？有创新力的男孩是更加不可取代的，哪怕在学习方面表现没有那么出类拔萃，他们也会因为心思灵活，而在做很多事情的时候都有优秀杰出的表现。现实生活中，总有些人活得很开心，人生花样百出，趣味盎然，也有些人创新力很差，导致生活枯燥乏味，总是让人感到无聊。这就是创新性在生活中的表现和影响力。不管从哪个方面来说，男孩都要拥有创新力，如此才能拥有丰富精彩的人生。

2018年，科学家霍金去世，让全球都为之震惊，感到悲痛。为何大家对于霍金这么不舍呢？因为霍金不是某一个国家的科学家，而是整个世界和全人类的科学家，他为人类科学事业的发展作出了巨大的贡献，起到了很大的推动作用。霍金是个创新精神和创新能力都很强的人，既使在身患疾病瘫痪在轮椅上之后，他全身能活动的就是一根手指、眼睛和思想，他的思想仍在飞速转动。他的思想仍在飞速转动。正是因为如此孜孜以求，他才能在科学研究的事业上获得长足的进步和发展，作出伟大的贡献。

早在十三四岁的时候，霍金就立志要成为物理学家、天文学家。17岁那年，他如愿以偿，进入牛津大学学习，而且得到了自然科学的奖学金。毕业后，他又考入剑桥大学，攻读博士学位。在剑桥大学学习没多久，他就被诊断患上了卢伽雷病。卢伽雷病患者肌肉会渐渐萎缩，而且以目前的医学水平根本无法治愈或者缓解这种病痛。有一段时间，霍金觉得心灰意冷，甚至想放弃科学研究。然而，在疾病度过了快速发展期，进入平稳发展阶段后，霍金意识到自己不能碌碌无为地度过一生，为此他振奋精神，战胜重重困难，继续从事科学研究。

霍金在科学研究的道路上从不懈怠，始终全力前进。后来，他开始专心研究量子宇宙论，而疾病进一步恶化，导致他只能坐在轮椅上行动，而且无法说话和写字，就连阅读都不能独立进行。霍金没有放弃，在妻子、家人、助力等人的帮助下，他靠着电脑和语音合成器说话、写字，最终登上在科学领域的巅峰，为全人类都作出了巨大的贡献。

很多人都知道霍金的事例，我们也应该从霍金的身上学习到难得的精神，知道每个人都必须勇敢战胜各种困难和挑战，也要不断地创新和努力尝试，才能突破人生的困境，才能让自己有所成就，有所发展。假如霍金不热爱科学研究，缺乏强烈的探索精神，相信他是无法战胜困难、获得成功的。作为身体健康的男孩，我们更是要发扬创新的精神，让创新力成为我们的生命力、生产力，从而在生命历程中有更好的表现。

很多男孩都有浓重的畏难情绪，对于一件略微有些难度的事情，还没有真正放开手脚去尝试、去做呢，就因为害怕而选择了畏缩或者放弃。不得不说，如果不能迈出自己心中的坎，而一味地被胆怯、恐惧所限制和禁锢，则只会导致人生止步不前，甚至不断地退步。世界上的万事万物都处

于不断的发展变化之中，很多时候，我们所预想的困难并不会出现，或者随着生命的不断推进，那些曾经假想的困难会烟消云散，不复存在。从另一个角度而言，我们的能力也在不断地增强，为此，我们一定要怀着与时俱进的眼光看待各种问题，这样才能全力以赴做好该做的事情，才能在发展变化之中更好地处理和解决问题。

要平凡而不要平庸

每个人都是平凡的人，平凡并不可耻，而是人生的常态。有一个词语和平凡仅仅一字之差，却失之毫厘谬以千里，那就是平庸。如果说平凡是中性词，那么平庸则是不折不扣的贬义词。平庸，往往代表了碌碌无为，缺乏自己的思想和主见，而且做任何事情都不能做好，因而总是会惹出各种麻烦，却最终毫无收获。做人可以甘于平凡，却不要甘于平庸，否则就会因为平庸而导致人生平淡无奇，也会因为平庸而使得穷尽一生都无所作为。要想改变平庸的人生，就一定要有远大的理想和志向，也要拼尽全力获得成功。在生命的历程中，很多人都梦想着卓尔不凡，而唯有那些真正能当机立断去做的人才会真正地摆脱平庸，成为自己希望的样子，收获自己梦想的人生。

遗憾的是，很多男孩都特别爱拖延，他们常常会把未来幻想得很精彩，而在真正要付诸行动的时候，却又沉迷于现状，没有勇气打破常规。不得不说，生命的时光非常宝贵，不管做什么事情都要抓住机会，才能当机立断去改变。我们不能甘于平庸，更不能因为各种原因而延误行动。只有努力争取做到最好，才能全力以赴让人生绽放精彩。

很小的时候，司马迁受到父亲的耳濡目染，特别喜欢看书，而且志向高远。长大之后，他担任太史令，继承父亲的遗志，开始编著史书。他从未把太史令的工作当成谋生的饭碗，而是期望着有朝一日自己可以作出伟大的功绩，为后人所传颂。为此，他对于工作非常认真，从不懈怠。在李陵之祸发生后，他遭遇宫刑。然而，即便蒙受奇耻大辱，他也没有放弃自己的志向，而是坚持创作史书，最终忍辱负重完成了《史记》的撰写。

在中国历史上，《史记》是举足轻重的历史书籍，被大文豪鲁迅先生赞誉为"史家之绝唱，无韵之离骚"，由此可见《史记》的重要性和至高无上的成就。司马迁的人生经历非常曲折，但是他从未放弃努力，更没有丢弃梦想。从年少时的壮志凌云，到后来经历人生的大起大落，也几次在鬼门关徘徊，司马迁看透了很多事情，所以才能变得更加坚强，犹如凤凰涅槃一样把个人的荣辱得失放下，而全力以赴做对人类有意义的事情。司马迁的一生是波澜壮阔的，最终之所以能够青史留名，为后人所传颂，就是因为他拒绝平庸，始终追求卓越和不平凡。

男孩们，如果你们不希望自己的一生平淡无奇，也要从小就立下高远的志向，这样才能始终追求卓越，坚持努力奋斗，也唯有如此，才能最大限度激发生命的潜能，让人生绽放出异样的光彩。那么，男孩们如何实现蜕变、成为人生的主宰呢？首先，要有脚踏实地的人生精神，不管做什么事情都不要畏手畏脚，而要有胆识有魄力，这样才能全力以赴奔向人生的目标。其次，要有决断心，在作决定的时候，权衡清楚利弊后，就当即去做，而不要总是瞻前顾后，不能下定决心。最后，要戒掉功利心，踏踏实实把每一件事情都做到最好。很多男孩空有远大的志向，却连一些小事情都做不好，最终一事无成。古人云，一屋不扫何以扫天下，这就告诉我们

不要瞧不上小事情，只有做好小事情，积累点点滴滴，才能提升自身的能力，让自己更加快速地成长和发展。若总是好高骛远，眼高手低，是不可能真正获得成功的。

大多数男孩都想有朝一日出人头地，作出贡献，就要从现在开始摆正心态，端正思想。要记住，平凡并不可怕，真正可怕的是陷入平庸之中无法自拔，这样一来，注定一生虽然忙忙碌碌，却始终毫无收获，没有进步，这当然是非常糟糕的。

有远大志向，人生才有方向

当年，陈胜和吴广一起被押解去服役，因为路上天气不好耽误了行程，所以大家都面临被砍头的厄运。为了改变命运，陈胜揭竿起义，和吴广一起带领起义军反抗秦朝的残暴统治，最终被载入史册。那么，陈胜揭竿起义的行为是偶然为之吗？当然不是。早在当长工的时候，有一天，陈胜和工友们在田间地头休息，说起自己的理想和志向，工友们嘲笑陈胜不切实际，陈胜却说"燕雀安知鸿鹄之志哉"。的确，那些工友根本不知道陈胜的伟大志向，所以才会觉得陈胜不切实际，才会认为陈胜是痴人说梦。实际上，陈胜始终没有忘记自己的理想和志向，所以，一旦合适的机会来临，他就马上抓住机会，揭竿起义，朝着理想前进。

一个人只有树立远大的志向，人生才有方向。如果总是浑浑噩噩，不知道自己应该去往何方，则日久天长，未免会浪费宝贵的生命时光，导致虽然忙忙碌碌，却始终没有进步，更是毫无收获。男孩正处于学习和成长的关键时期，也正处于人生的塑型期，为此也要树立志向，这样才能确立人生方向和目标，从而不遗余力地奋勇向前。

从小，苏轼就表现出过人的才华，年仅10岁，就已经出口成章。有很多比苏轼大的人听说苏轼才华横溢，特地来向苏轼请教，为此苏轼的名气越来越大。很多人在亲自见识到苏轼的真才实学之后，更是赞誉苏轼为"神童"。在大家的赞美和恭维中，小小年纪的苏轼未免感到骄傲，觉得自己真的无所不能，而且博学多才。为此，他提笔写了一副对联贴在自己的书房门上：识遍天下字，读尽人间书。

有一天，有个老人慕名来请教苏轼。其实，这位老人很有智慧，他觉得苏轼得到了太多的赞美和认可，生怕原本有才华的苏轼盲目自大，导致发展受到局限。为此，他特意拿了一本书来，对苏轼说："我问了很多人，他们都不认识这本书上的字。所以我特意千里迢迢地来请教你，希望你能为我答疑解惑。"苏轼不以为然："没关系，我认识所有的字，您把书给我看吧。"老者把书给苏轼，苏轼不由得愣住了，原来这本书上有很多苏轼见都没见过的生僻字，从此之后，苏轼再也不盲目自夸，而是变得谦虚好学。苏轼常常告诫自己："人外有人，天外有天，我可不能再犯狂妄自大的错误了。"后来，苏轼还把对联改了：发奋识遍天下字，立志读尽人间书。正是因为有了这样的想法，苏轼才能成为伟大的文学家，作出让人瞩目的成就。

一个人就算再勤奋刻苦，也不可能认识所有的字，更不可能读完所有的书。从"识遍天下字，读尽人间书"不难看出小小年纪的苏轼的确内心膨胀，有些忘乎所以了。而改成"发奋识遍天下字，立志读尽人间书"，则更好地彰显了苏轼勤奋好学的决心，从而为苏轼指出了做学问的目标和方向。我们也要向苏轼学习，不要因为懂得了一些知识的皮毛就狂妄自大，而要树立远大的志向，也要坚持向着伟大的人生目标不懈前进，这样

才能真正成为对社会有所贡献的人才，并创造自己精彩辉煌的人生。

男孩要想有大志气，就要独立自强。如今，有很多父母总是过分溺爱和过度保护孩子，使得孩子习惯了依赖父母做很多事情，越是在遇到困难的时候，越是会失去自信，甚至胆怯畏缩。只有真正独立自强的男孩才会有强大的自信心，才能够在学习和成长的过程中培养自己的责任心、使命感，从而有更强大的精神力量，哪怕遭遇艰难坎坷也始终坚持不懈，努力向上。

只有远大的志向还是远远不够的，还要有顽强不屈的毅力，不管做什么事情都要有始有终，而不要总是轻而易举放弃。俗话说，笑到最后的人才是笑得最好的人。若一个人总是想要放弃，那么，不管做什么事情都不会做好。只有突破和超越自我，坚持提升和完善自我，我们才能真正有大志向，才能坚持人生的正确方向，做出了不起的成就。

充实的生活饶有趣味

现实生活中，很多孩子都觉得乏味、无聊。这是为什么呢？父母对此表示很不理解，孩子们有吃有喝的，为何总是对于生活不满意，而且常常怨天尤人，不但让自己心情抑郁，也影响身边人的好情绪呢？究其原因，孩子并非因为金钱或者物质的匮乏而感到乏味，而是因为他们缺乏兴趣。每个人都要有兴趣爱好，这样才能在学习和工作之余有事情可做。也因为是自己感兴趣的事情，所以他们能够从中得到乐趣，即使做的过程中需要付出很多的时间和精力，也兴致盎然，丝毫不觉得疲惫。这就是兴趣的神奇魔力，对于自己喜欢做的事情，排除万难也能把事情做好。

　　男孩正处于学龄阶段，主要任务就是接受学校系统的教育，掌握知识，增长技能。虽然男孩要以学习为重，但是这并不意味着男孩不能有学习之外的事情。很多父母在这个方面恰恰怀着错误的思想，觉得孩子只能学习，而不要做其他任何事情，且要把所有的时间和精力都用于学习。试问父母们，如果让你们每天24小时工作，你们愿意吗？孩子也是如此，除了学习之外，他们还需要做自己喜欢的事情，感受到乐趣，这样才能做到劳逸结合，才能把很多事情都做到最好。所谓磨刀不误砍柴工，说的就是这个道理，当孩子通过做感兴趣的事情得以休息，也能够把很多事情做到更好的时候，他们反而事半功倍。

　　有些男孩有现成的兴趣爱好可以去做，有些男孩却不知道自己对什么感兴趣。其实，兴趣并非与生俱来的，而是后天成长的过程中逐渐培养出来的。如果男孩不知道自己的兴趣所在，则可以尝试做很多事情，看看哪些事情能给自己带来愉悦的心情和放松的感觉。通过持续地摸索，相信男孩一定会找到让自己感兴趣的事情去做，并在紧张忙碌的学习之余得到最好的休息和放松。

　　在英国，萧伯纳是大名鼎鼎的戏剧作家。他的戏剧创作幽默诙谐，常常带有深刻的讽刺意味，为此受到了很多人的喜爱。实际上，萧伯纳能成为戏剧大师并非偶然，他从小就对文学创作表现出浓郁的兴趣。又因为家境贫困，他15岁就因为交不起学费而辍学，开始四处做工。过早地感受到生活的艰辛，让萧伯纳对于生活的观察更加深入和透彻。又过去几年，萧伯纳开始尝试着创作小说。

　　他最初创作的5部小说全都被出版社退稿，但他没有气馁，而是努力反思，总结自己在哪些地方做得不够好，从而不断地改进，持续地进步。后来，萧伯纳又被拒绝过很多次，但是，凭着对于文学的热爱，他始终笔不

辍耕，从未放弃过写作。直到后来，萧伯纳的作品《圣女贞德》被搬上了舞台，受到了所有观众的喜爱，也使得他一举成名。从此之后，萧伯纳的创作热情更是空前高涨，最终在文学史上留下了很多优秀的作品。

萧伯纳的文学创作道路并不顺利，为何他能够坚持下来，直到获得伟大的成就呢？就是因为他热爱文学创作，对于文学创作表现出浓郁的兴趣，所以才能在兴趣的动力下始终坚持，绝不放弃。如果萧伯纳并不喜欢文学创作，而是被父母强迫才尝试着进行写作，那么，一遇到困难，他就很可能放弃写作，从而改行做其他的。那么，世界上就又多了一个平庸的人，而失去了一个伟大的戏剧作家。不得不说，兴趣会给人强大的力量，让人在历经坎坷磨难之余依然能够坚持不懈，奋勇前进。

不管做什么事情，都要有兴趣，只有热爱才能坚持付出努力。如果没有兴趣作为支撑，只是一味地强迫自己努力去做，则不管多么辛苦，耗费多少时间和精力，都是不可能获得成功的。兴趣也给人以希望和勇气，让人面对困难可以突破和超越自我，面对逆境可以始终砥砺前行，绝不轻易放弃希望。人生的时光是短暂而又宝贵的，任何时候，都不要对人生失去兴趣，因为兴趣不但是最好的老师，也会给予我们最强大的激励和鞭策。

为了培养更多的兴趣爱好，男孩要多多阅读，增长见识。古人云，读万卷书，行万里路。如果男孩始终待在家里，两耳不闻窗外事，一心只读圣贤书，则知识面会很狭窄，而且无法发展自己的兴趣爱好。此外，男孩还要坚持运动。很多男孩都特别爱运动，这其实是非常好的兴趣和习惯。运动是生命力量的源泉，只有爱运动，才能拥有健康的身体和充沛的精力。此外，酣畅淋漓的运动还可以让男孩释放紧张的压力，感到内心轻松，从而保持愉悦的心情。这对于男孩的成长而言都是有很大好处的，也是不可替代的。

　　发展兴趣爱好，未必都是自己独立去完成某些事情，也可以和朋友们更多地交往和互动，多多沟通，令彼此心意相通，从而志同道合地完成很多事情。例如，投身于公益事业，一起当志愿者，探望养老院里的老人，去孤儿院陪伴小朋友们一起玩耍，这些都是很不错的选择。总之，只要是喜欢做的事情，且愿意为完成事情投入更多的时间和精力，获得成就感，就可以愉悦心情，让自己得到放松，也可以起到休息的作用。有兴趣的人生从来不寂寞，若学习疲惫了，工作心烦了，可以唱歌、郊游、看电影、阅读，这些事情都是对人生有益的，也因为有兴趣作为指引，还会给我们的心灵带来宁静与平和，也会为我们的成长积蓄强大的力量。男孩们，你们有感兴趣的事情吗？在做感兴趣的事情时，你们可以做到乐此不疲吗？如果回答都是肯定的，那么恭喜你们，因为你们得到了兴趣的眷顾，也有资格享受兴致盎然的生活。如果没有，那么赶紧尝试着做一些事情，找到自己的兴趣所在，或者培养自己的兴趣吧！相信这样一来，你们会获得更多的收获，也会成长得更加快速！

第3章

男孩的胸怀气度，就是人生能够达到的广度

做人，要有气度和胸怀，才能让人生有更加精彩的呈现。若总是小肚鸡肠，对于各种事情都斤斤计较，则只会导致自己的内心变得焦虑不安，也会使得人生因此而变得拘谨，无法开阔地发展和成长。古人云，海纳百川，有容乃大，壁立千仞，无欲则刚。有气度的男孩对于无关紧要的事情可以完全放下，不但能保持自己的好心情，在与人相处的过程中，也能够善待他人，理解和宽容他人，因而收获好人缘，让人生拥有更加广阔的天地。

心有多大，舞台就有多大

海纳百川，是因为大海在低洼处，所以，不管是江河湖泊，还是清浅的溪流，都会欢快地唱着歌儿，朝着大海的方向奔去，以融入大海作为自己的最高理想。试想一下，如果大海在高处，而且不能以宽容的胸怀包容一切，那么大海还能这么辽阔吗？当然不能，说不定还会有干涸的危险呢！

做人，心也应该和大海一样，放到低处，这样才能容纳更多的东西，变得辽阔。常言道，心有多大，舞台就有多大。这句话非常有道理，告诉我们很多时候局限我们发展的不是外部的客观环境和条件，而是我们的心。为此，我们一定要让心更加开阔，这样才能让人生也拥有辽阔高远的空间，获得长足的发展。若一个人心眼像针尖一样小，那么，哪怕遭遇很小的事情也会卡住，根本无法获得成长。

遗憾的是，在现代社会，大多数孩子都是独生子女，从小就习惯了全家人都围绕着自己转的生活，也在不知不觉中形成了错误的认知，误以为自己就是宇宙的中心，就是世界的焦点。殊不知，世界很大，一旦走出家庭，孩子再也不会得到这样的关注与瞩目。与其等到进入社会再觉得各种不适应，不如从现在开始就摆正心态，意识到自己并非不可或缺，也不是所有人的灵魂。这样，在与人相处时，才能避免以自我为中心，才能更加真诚地接纳和包容他人，让自己的胸怀越来越博大，让心中的世界变得更

加辽阔。

杰米是一个很优秀的孩子，他是不折不扣的学霸，从小到大学习成绩在班级里都名列前茅，为此他也始终能得到老师的认可和赏识。但是，杰米并没有因此而骄傲，他总是很谦虚，对待老师毕恭毕敬，对待前来请教问题的同学也非常有耐心。每年到了期末，杰米都是三好学生，也是优秀少先队员。

有一次，杰米过生日，邀请了几个特别要好的同学来家里做客。好朋友马丁在杰米的书桌上看到三个字："我第三。"马丁忍不住笑起来，说："杰米，你要是第三，咱们班级里就没有第一、第二了。你明明每次都得第一，为此非要说自己是第三呢？"杰米向着马丁解释："妈妈告诉我说，一个人不要总觉得自己天下第一，否则就会退步，还会摔跟头。无所不能的上帝永远是第一，而很多人都比我更优秀，他们并列排名第二。这样一来，我只能排在第三了。"听了杰米的话，马丁陷入沉思，良久才说："杰米，难怪你能始终都稳坐第一的宝座呢，就是因为你把自己排在第三名，所以你很谦虚，很好学，知道学无止境，也总是学习其他同学的优点。原来，这就是你进步的秘密啊！我也要向你学习，把自己永远排在第三，从而谦虚进取，保持进步。"

若一个男孩觉得自己天下第一，他一定会因为骄傲和狂妄自大而摔得鼻青脸肿，根本无法获得进步，也不会取得优秀的成绩。所谓人外有人，天外有天，我们既要羡慕那些比我们强的人，也要多多向他们学习，这样才能如同海绵吸水一般吸收各种知识，才能在成长之中保持进步的姿态。

要想让自己成为大海，就把自己放到低处吧，这样才能吸引涓涓细流的汇入，才能让自己的力量不断地增强。如果骄傲和自满，对于外界的一切都不愿意学习，而是带着排斥和抗拒的态度拒绝，则只会让自己渐渐干涸。当然，博大的胸怀并非生而有之，在成长的过程中，男孩一定要多多历练自己，从而让自己变得更加宽容友善，胸怀越来越开阔。例如，在遇到事情的时候，要多多为他人着想，设身处地地站在他人的角度考虑问题，而不要只顾着从自己的立场出发去思考，否则必然变得自私自利，也就失去了好人缘。从人际交往的角度而言，若男孩主动反思自身，真诚地对他人表达歉意，也就彰显出男孩宽容的气度，为此他人也会投桃报李，主动反思自己的错误，而不是一味地把责任推卸到男孩身上。这就是人的互惠心理。

若男孩拥有宽广的胸怀，他们就不会凡事斤斤计较，动辄怒火中烧。相反，他们会调整好心态，调理好情绪，这样一来，就能保持愉悦和平静的心态，坚持进行理性思考。心理学家经过研究发现，愤怒会使人的智商瞬间降低，为此，只有保持平静和理性，男孩才能想出更加合理的办法解决问题，从而避免歇斯底里带来的一系列烦恼和不知所措。总而言之，每个人都是这个世界上独立的生命个体，有自己的思想和观念，也有自己的考量。在人际交往中，不同的人之间很容易发生分歧和争执，在这种情况下，为了维持和平，保持良好的沟通氛围，心胸宽广的男孩就要站在他人的立场上为他人着想，也要理解和体谅他人的苦衷，这样才能把话说到他人的心里去，才能在成长过程中拥有好人缘，收获更多的幸福与快乐。

宽容，是最美好的品质

很多男孩心思狭隘，在人际相处中，每当发现别人犯了错误，就会抓住别人的小辫子不愿意撒手，最终导致人际关系恶劣。人非圣贤，孰能无

过。在这个世界上，每个人都是不完美的，都有各种各样的缺点和不足，与其只盯着别人的错误看，还不如多想想别人的好处，这样才能平静心情，让彼此的相处更加进展顺利。别说是孩子，就算是成人，也会在生活中犯各种各样的错误，只要积极地反省自己，改正错误，就是好同志。最可怕的不是犯错，而是不犯错，或者说根本意识不到自己的错误，坚决不愿意承认自己错了。要想改正错误，承认错误是前提，若总是不知道自己到底哪里错了，还谈何积极主动改正错误呢！

当然，这是从犯错一方的角度来说的。作为被错误伤害的一方，男孩也要坚持宽容待人。既然不能保证自己不犯错，就不要强人所难，要求别人绝不犯错。所谓己所不欲，勿施于人，就是这个意思。宽容他人，不但是人生最美好的品质，也是对于自己的宽宥和谅解。很多人总是抓住别人的错误不愿意谅解，结果导致自己总是愤愤不平，怒火中烧，不得不说，这是对于自己莫大的伤害。长期处于愤怒的状态，还会伤害身体健康，使得身体出现各种状况。为此，不管是为了别人，还是为了自己，我们都要宽容，积极地原谅他人的错误，给予他人改正错误的机会，也使自己的心情更加轻松愉悦。这才是最明智的选择和人际相处之道。

大学毕业后，陈培就进入一家公司工作。因为在工作上表现非常突出，积极勤奋，所以，才进入公司两年，陈培就被提升为部门经理，负责管理部门里的十几个同事。春节到了，公司放假7天，放假前发布公告：春节假期后，每个人都要按时回到公司报到，不允许代打卡，否则马上辞退，且记经理大过，经理一年之内不得晋升。想到就是按时回来上班这点儿事情，陈培把通知发给大家，没有过多强调。然而，春节后上班第一天人事部打电话查岗，就出现了大问题。原来，有一个员工没有到岗，却让同事帮忙代打卡，人事部门打电话查岗的时候，不知情的同事又说这个员工没有到岗。这样一来，就坐实了代打卡的事。这个员工当即被辞退，不需要再来公司报到，而陈培也被牵连，记大过处分，一年之内不允许晋升。

当时，陈培觉得自己才刚刚晋升，一年内晋升机会很小，虽然对同事代打卡行为很不满，对被辞退的员工感到惋惜，他也无可奈何。没想到时间才过去半年，他的上司就突然被调动到分公司当领导，因此，几个部门经理都有机会晋升上司的职位。这个时候，原本胜算很大的陈培因为被记过，没有资格参加竞聘，这让他懊恼不已，内心更加愤怒。失去了这个机会，再想等到同样的机会接手成熟的区域，可谓难上加难。陈培气得又把那个代打卡的同事狠狠批评了一顿。同事觉得很无辜："这件事情都过去多久了，您又拿出来说，真让人郁闷！"陈培恶狠狠地说："因为你们害得我记的过，对我的影响才显现出来，怎么就过去了！"此后一段时间，陈培每次看到这个侥幸留下来的代打卡员工就很生气，员工觉得自己在陈培这里没有好果子吃，只好辞职走人。

在这个事例中，陈培作为经理没有和员工们强调春节后准时到岗的重要性，其实也是有责任的。他因此而失去了一个有前途的员工，感到非常惋惜，后来始终对于这件事情耿耿于怀，更是在不能参加竞聘之后把侥幸留下来的代打卡的员工狠狠批评一通，结果非但没有弥补任何损失，反而又失去了一个员工。不得不说，他损失惨重。

很多事情一旦发生，就无法挽回，不如摆正心态去接纳，去理解他人的苦衷，去包容他人，这样反而能够尽量减少损失。若总是对于他人的错误念念不忘，压根不愿意原谅他人，时不时地就提起他人的错误，则只会导致他人心中也过意不去，甚至因此而恼羞成怒，导致原本还心怀愧疚，现在却失去愧疚之意。毋庸置疑，在诸多工作中，管理者的工作难度是很大的，因为管理的对象是人，所以，只有考虑到方方面面的事情，才能把

人的工作做好。人的心思还非常微妙，俗话说，画虎画皮难画骨，知人知面不知心，人心隔着肚皮，没有人能够完全洞察他人的想法。为此，在做管理工作时，就要更加宽容，也要理解他人。

男孩往往情绪冲动，对于对错的标准和评判也相对简单和绝对。实际上，这个世界上并没有绝对的对错，很多事情只要换一个角度去思考，就会得出截然不同的结果。这完全符合辩证唯物主义的思想，凡事都有两面性，为此男孩要学会至少从两个方面考虑问题。既要看到一件事情有利的一面，也要看到一件事情不利的一面，这样才能全面地考虑问题，才能作出理性的衡量和抉择。俗话说，原谅他人就是宽宥自己，任何时候，我们都不要和自己过不去，与其用别人的错误惩罚自己，不如放下别人的错误，努力保持轻松的内心状态和更加愉悦的心情。这样才能拥有和谐融洽的人际关系，才能收获好人缘，让成长更快乐。

当然，男孩要以宽容的心原谅他人，并不意味着男孩没有自己的主见或者失去是非观念。男孩一定要有自己的价值观念和思想体系，知道什么事情是对的，什么事情是错的，这样才能掌握原谅的标准，而不至于失去原则，成为好心泛滥的老好人。不管与谁相处，男孩都要坚持做自己，既要有包容之心，也要有自己的主见，这样才能做到坚持原则和底线，根据情况选择是否原谅他人。

在如今的学习和生活模式中，男孩很难仅凭自己的力量就把很多事情都做到最好。唯有把自己融入团队之中，与他人密切配合，集中彼此的力量去解决问题，才能获得更好的结果。此外，朋友是男孩一生的陪伴，男孩要以宽容之心待人，才能结交更多的朋友。与其以怨报怨，不如以德报怨，这样才能向对方表现出真心，真正地赢得对方的真心，从而让交往更加顺利地进行下去。

任何时候，都给他人留余地

很多男孩性格耿直，不管心里想什么，都会马上就毫无保留地说出来，而表达的方式也很直接，丝毫不会委婉曲折或者拐弯抹角。他们还自诩性格直爽，却不知道，这样不假思索地说话，常常会伤害他人的颜面和自尊心，使得与他人交恶。人际相处是一门学问，也是一门艺术，在与人相处的过程中，任何时候都要给他人留面子，这样才能保护他人的自尊，在遇到针锋相对的问题时，固然要据理力争，却也要给他人留余地，这样才能给他人回旋的空间，不至于把他人逼到死角。

大名鼎鼎的哲学家康德曾经说过，生气是用别人的错误惩罚自己，的确如此，男孩如果始终把别人的错误牢牢地记在心里，不愿意原谅他人，那么自己心中也会非常沉重，因此而导致情绪消极抑郁，使得内心变得焦虑不安。只有尽快放下别人的错误，消除因别人产生的愤怒，才能让自己保持平静的心情和理性的思考。此外，在做任何事情的时候，都要留有余地，给别人留余地，实际上也是给自己留下斡旋的空间。否则，把别人逼入死角，也是让自己没有回旋余地，等到想挽回事情或者进行弥补的时候，则没有梯子可以踩着下来。实际上，给他人留余地还是男孩有素质和涵养的表现。不咄咄逼人，在很多社交场合都是一种修养，是受人欢迎的优秀品质。

三国时期三足鼎立，刘备在诸葛亮的辅佐下国力日渐强盛。后来，刘备去世的时候向诸葛亮托孤，诸葛亮没有辜负刘备的托付，拼尽全力辅佐刘备的儿子刘禅。11年后，诸葛亮也去世了，为此，刘禅重用蒋琬，让蒋琬帮助处理朝政。由此，蒋琬也就一人之下，万人之上。

蒋琬有几个得力的下属，其中一个下属叫杨戏。杨戏为人不善言辞，

木讷寡言。有的时候，即使蒋琬与他说话，他也是闷不作声，只会点点头，而什么都不说。为此，有些下属很看不惯杨戏，觉得杨戏生性孤僻且高傲，居然连蒋琬都不看在眼里。他们在蒋琬面前进谗言："大人，这个杨戏简直就是个榆木疙瘩，而且目中无人，就连对您都如此怠慢，简直该打。"蒋琬笑着说："杨戏的脾性向来如此，他不会当面阿谀奉承我，因为他不是这样的人。同样的道理，他也不会当面指责我，因为他不想让我下不来台，想给我留几分面子。这样一来，他不管认为我说的是对还是错，都只能保持沉默。我觉得，这恰恰是他的优点，也是他值得赞许的地方。"

在这个事例中，蒋琬表现出宽容的气度，他了解杨戏的脾气秉性，因此对于杨戏对他的怠慢丝毫不放在心上，反而当着他人的面为杨戏开脱，为此人们说蒋琬是"宰相肚里能撑船"，这是对于蒋琬极高的赞誉。实际上，正是因为能够宽容杨戏，蒋琬才得到杨戏的忠心耿耿，得到杨戏的大力扶持和帮助。人生在世，不可能每件事情都顺心如意，更不可能遇到的每个人都是我们所喜欢的。对于不那么喜欢的人，我们要能够理解和体谅他人，对于不能令自己满意的事情，我们也要有一颗宽容之心去接受。宽容他人，就是宽宥自己，宽容他人，就是给予自己更多的机会与人友好相处。做人千万不要咄咄逼人，更不要只顾着从自己的利益出发去考虑问题，解决难题。只有面面俱到，尽量站在他人角度上设身处地地为他人着想，才能让人际相处更加和谐融洽，才能拥有丰富的人脉资源给人生以强大的助力。

要想宽容他人，宽宥自己，给彼此都留下余地，我们就要让内心变得更加开阔，而不要总是斤斤计较。尤其是男孩，将来是要承担起重要责任的，也是要开拓事业的，因而更要有一颗宽容博大的心，这样才能做到

"宰相肚里能撑船"。在与他人意见不一致的时候，要设身处地为他人着想，考虑到他人的初衷和需求，从而更加理解他人，洞察他人的内心，体会他人的情绪和感受。当然，凡事皆有度，过度犹不及。在接纳他人、理解和包容他人的时候，男孩一定要把握好合适的限度，而不要失去自己的主见，凡事都人云亦云，由他人牵着自己的鼻子走。在考量很多问题的时候，每个人都会情不自禁地从自身的角度出发考虑问题，为此往往带有强烈的主观性。因此，男孩除了要考虑自身的需求和他人的出发点之外，也要尽量做到理性分析，客观评判，这样才能作出正确的权衡和抉择。总而言之，每一个人提出自己的意见和观点，都是为了更好地解决问题，在这个共同目标的指引下，男孩无须与对方针锋相对，互不相让，而应好好商量，深入沟通，从而让问题得以圆满解决。

尊重对手，才能真正战胜对手

从进入社会生活的那一刻开始，孩子的人生里不再只有父母、长辈等爱他的人，而是会遇到很多的对手。对手或者是同学，或者是朋友，或者是在某一场比赛中遇到的陌生人，为此，学会如何与对手相处，对于男孩的成长和进步至关重要。如果男孩不能以合理方式对待对手，而是常常和对手关系恶劣，那么很有可能影响男孩在竞争中的临场发挥，也会使男孩的人际关系非常糟糕和恶劣。

很多男孩对于对手都有误解，他们觉得所谓对手就是敌人，就要决个你死我活。实际上，对手和敌人是截然不同的，敌人是那些想要伤害和消灭我们的人，而对手是与我们竞争，也从某种意义上促进我们成长的人。

为此，在与对手竞争的时候，男孩要保持正确的态度，这样既能与对手之间分出胜负输赢，也能够以宽容的气度真正战胜对手。很多男孩都看过比赛，如摔跤比赛、击剑比赛，参与比赛的双方在上场之后，都会对着对方弯腰鞠躬。这是他们对对方表示友好，也意味着他们对对方非常尊重。

具体而言，尊重对手，既要给对手指出错误、缺陷或者不足，也要积极主动地学习对手身上的优点和长处，这样才能真正把对手的关系定义为相互学习、相互进步。有人说过，看一个人的底牌，看他的朋友；看一个人的实力，看他的对手。为此，有什么样的对手，往往也代表着我们有什么样的实力。所以，我们尊重对手也就是尊重自己，切勿在竞争之中采取不正当的手段获得胜利，否则，非但为人所不齿，也会被人看低。

皮特从小就喜欢和伙伴们一起踢足球，且踢足球的水平越来越高，皮特还经常与小伙伴们打比赛。既然是比赛，就有胜负输赢，每次输掉比赛，皮特就会感到很沮丧，在接连几天的时间里都蔫头耷脑的，精神萎靡不振。为此，皮特经常组织所在的小队成员练习踢球，而且很快在赛场上反败为胜。

一个周末，爸爸来到足球场观看皮特踢球比赛。爸爸的目光始终追随着皮特，看着皮特在球场上跑来跑去，动作灵活流畅，爸爸心里很高兴，也为皮特感到自豪。没想到，比赛才开始没多久，皮特就使出了一个不易觉察的小动作，把对手绊倒在地。其他球员都没注意到这个细节，但是爸爸看得真真切切。这场比赛，皮特带领小伙伴获得了胜利，但是爸爸很清楚，皮特居然三次都把对方球员绊倒在地。比赛结束后，爸爸严肃地告诫皮特："皮特，你要尊重对手，以正当的手段与对手博弈和竞争，而不要使用下三滥的手段打败对手，否则你才是真正输掉的那个人。"皮特看到爸爸前所未有的严厉，意识到自己的错误，从此之后，他再和小伙伴踢球的时候，总是很守规矩，再也不做那些见不得光的事情。后来，皮特成了著名的球星，不但是因为他球技高超，也是因为他有高尚的品德，懂得尊重对手，也获得了对手的尊重。

男孩求胜心切，常常会为了赢得比赛而使出一些小手段。一开始，这样的小心思还是很可爱的，但是，随着男孩不断成长，心智发育成熟，如果还使用这样的小手段来获胜，就会为人所不齿。人在一生之中，常常需要参与竞争，如果每次都在竞争中采取不正当手段获胜，则渐渐地对于自己的要求就会越来越低，也会因此而导致品质严重下滑。做人，是要有底线的，也要坚持原则，这样才能让自己的言行举止符合社会道德的要求，并符合规矩。如果总是走歪门邪道，则只会让自己越来越堕落和被动。

要想以正规方式赢得比赛，做人坦坦荡荡，男孩首先要消除嫉妒心理。嫉妒是人心中的毒瘤，当妒火中烧的时候，男孩就会失去理性思考的能力，也会因此而做出冲动的事情。消除嫉妒的最好方式不是伤害他人，而是增强自己的能力，让自己获得长足的进步和成长，从而有实力与他人抗衡。男孩还要客观公正地认知自己，知道自己既有缺点，也有优点，而不要盲目地以自己的缺点与他人的优点比较，导致内心惶恐不安，认为自己一无是处。此外，也不要拿自己的优点与他人的缺点比较，否则就会狂妄自大。只有客观公正、全面理性地认知自己，男孩才能知道自己的优势在哪里，才能虚心向着他人学习和请教，与他人之间展开公平的竞争。

要想在竞争中取胜，还要在与对方进行较量之后及时反思自己。古人云，一日三省吾身，很多人都缺乏自我反省的精神，常常觉得自己所做的一切都是正确的，为此盲目自负。古人又云，三人行必有我师，实际上，

只有积极主动地向他人学习，以他人的长处来提升自己，才能让自己快速成长和进步。总而言之，与对手之间切勿成为敌人，否则就会给自己带来很大的困扰，而是要努力与对方成为朋友，相互尊重，共同切磋和进步，这样才能一起成长，一起获得更好的成就。

教养和修养，是男孩最好的外衣

现代社会，很多家庭里都有小霸王，他们习惯了从出生就接受父母无微不至的照顾，也习惯了有任何要求都得到父母无条件的满足。殊不知，在这样的成长氛围中，男孩不知不觉就形成了以自我为中心的错误思想，他们觉得自己不但是整个家庭的中心，也是整个宇宙的中心，因而常常肆无忌惮地提出自己的要求，一旦得不到满足就满地打滚，撒泼打诨，全然不顾父母在一旁有多么尴尬。如果这样的情形发生在家里尚且还好，毕竟家是私密空间，可以关起门来解决问题，如果这样的问题发生在公开场合，则父母恨不得找个地洞钻进去。培养出一个有教养有修养的孩子，是父母最大的成功，也是父母最值得骄傲的事情。反之，即使孩子学习成绩出类拔萃，却没有教养没有修养，那么也不能让父母骄傲。由此可见，教养和修养，是男孩最好的外衣，对于男孩的成长来说是至关重要的。

很多人都自诩有绅士风度，然而，有人说，三代人的努力才能成就真正的贵族，由此也可以看出教养和修养不是短时间内就能具备的，而需要付出长时间的辛苦和努力坚持，才能从言行举止的各个细节方面提升自己，让自己得到更长足的进步和成长。男孩要有意识地提升教养和修养，让自己成为真正的绅士，而不要觉得有些细节无须在意，对这些细节完全忽略，或者不以为然。真正的绅士不会忽略每一个细节，而且他们会竭尽全力争取做到最好。

在美国的一个大型音乐厅，大名鼎鼎的钢琴家和作曲家帕岱莱夫斯基举行演奏会。很多喜欢帕岱莱夫斯基的音乐爱好者出席这场演奏会时都穿得非常隆重，男士穿燕尾服，女士穿晚礼服，他们可不想让自己的衣着配不上这场高规格的音乐盛宴。在众多的观众中，有个母亲带着年仅9岁的孩子，其实才9岁的孩子未必能听懂这种大师级的演奏，但是，母亲花费重金购买演奏会的门票，带着孩子前来，就是希望孩子能在听完大师行云流水的演奏之后可以对学习钢琴产生兴趣。然而，孩子如坐针毡，根本不想留在座位上。趁着母亲不注意，他居然偷偷地离开座位，又因为被舞台上的钢琴和聚光灯所吸引，他情不自禁地走上舞台，凭着学习钢琴的基本功，开始在昂贵的钢琴上演奏《筷子》。这是一首很简单的曲子，听到舞台上传来不合时宜的钢琴演奏声，等待开场的观众发出的窃窃私语声戛然而止，有些观众当即喝令孩子："快走开，这是谁家的孩子！""赶快停止这可怕的行为，别把钢琴弄坏了。"这个时候，帕岱莱夫斯基在幕后也听到了钢琴声，他没有表现出任何愤怒，而是马上走到舞台上，坐在演奏的坐凳上，配合着孩子的节奏一起完成《筷子》的演奏。因为担心男孩受到惊吓，大师还小声告诉孩子："继续演奏，继续演奏！"就这样，大师和孩子一起完成了《筷子》的演奏，孩子原本单薄的演奏在大师的配合和完善下变得很优美，很流畅。孩子的母亲感动不已，因为孩子得到了大师的启迪，不管未来是否真的能够坚持学习钢琴，这一刻对于孩子而言都是一生的荣耀和难以忘却的记忆。

越是伟大的人，越是把自己放得很低，表现出谦逊友好的一面。而越是那些肤浅的人，反而会对于自己小小的成就沾沾自喜，甚至不可一世，

得意张狂。这就是人与人之间的差距——不在于成就的高低，而在于内心是否真的平静祥和，且具有包容心。在这个事例中，如果大师当即把偷偷溜到舞台上的孩子赶下去，而且对孩子声色俱厉，那么一定会伤害孩子稚嫩的心灵，也会给孩子带来难以消除的心理阴影，说不定从此孩子再也不想碰钢琴。幸好，这个孩子足够幸运，他遇到了宽容的帕岱莱夫斯基，被宽容对待，也感受到这位音乐大师的美好。相信未来孩子每次演奏钢琴的时候，都会想起这次难忘的经历，甚至会把帕岱莱夫斯基当成自己的榜样和标杆，从而鼓起力量坚持练习钢琴。不得不说，对于帕岱莱夫斯基而言，这是一次善意的举动，但是，对于男孩而言，很有可能是影响命运的转折点。只有心怀善意、风度翩翩的真绅士，才能做出这样宽容有爱的举动。

作为爱憎分明的男孩，如果你曾经因为他人的错误而横鼻子竖眼睛，那么，从现在开始，不要再以这样的强势或者严厉的表现来震慑他人，而要更加尊重他人，也要给予他人更大的空间去成长和感受。当男孩表现出对他人的宽容和友好时，不但把自己的善意传递给了他人，也能够从他人那里得到善意的对待，这才是最重要的。人与人之间的任何关系都是相互的，生活就像一面镜子，我们呈现出笑脸，生活才会回报给我们笑脸。反之，如果我们对生活呈现出哭脸，则生活就会毫不迟疑地回报给我们哭脸。任何时候，都不要奢求得到生活的丰厚馈赠，唯有先对生活付出，并给予他人更多的尊重和友善，我们才能得到他人同样的对待。尤其是男孩子，更是要有博大的胸怀，宽容大度地对待生命中出现的人和事情。

当然，教养来自父母的家庭教育和言传身教，也来自孩子主动自发地学习，修养更是需要孩子在生活中多多积累。为此，不要急躁，更不要奢望一蹴而就，而要始终坚持点滴积累。古人云，勿以善小而不为，勿以恶小而为之。要想让自己变得有教养，有修养，我们就要怀着宁可多做而不要错过的心态，坚持全方位提升自己，把每一件小事情都做得恰到好处。

此外，在日常生活中，也要多多与那些"绅士"相处，所谓近墨者黑，近朱者赤，只有融入相应的圈子，受到更多志同道合者耳濡目染的熏陶，我们才能成长和进步得更快，才能更早一些真正成为受人欢迎的绅士。

第 4 章

书到用时方恨少，男孩必须懂得学习的重要性

很多孩子都没有认识到学习的重要性，为此在学习的过程中常常会拖延，而且表现出懒惰的行为。实际上，只有从根本上端正男孩的学习态度，让男孩真正意识到学习是很重要的，人生也经不起蹉跎和等待，男孩才能更加积极主动地学习。现代社会发展速度飞快，知识的更新也很快，孩子们不但要在校园里系统学习，即使走出校园融入社会，也要坚持学习，这样才能适应社会发展的要求。

少壮不努力，老大徒伤悲

自古以来，关于珍惜时间的格言警句数不胜数，它们都在告诫我们，一定要珍惜时间，争分夺秒地学习，如此才能让自己有更好的学习表现。唐代的诗人颜真卿曾创作《劝学》，其中"黑发不知勤学早，白首方悔读书迟"一句，更是给很多人敲响了警钟。的确，青少年时期正是勤奋学习的好时候，记忆力好，精力旺盛，而且可以全心全意学习。如果错过了这个学习的黄金时间，等到白发苍苍，就会万分懊悔自己为何在最好的年华里没有勤奋学习，以致虚度了光阴。

人生中做很多事情都要宁早勿迟。否则，一旦失去了好时机，哪怕此后付出再多的辛苦和努力，也是无法有所收获的。尤其是男孩，更是肩负着人生的重任，更是要把很多事情做在前面，努力争取做到最好，如此，未来才会有所成就，人生才会变得轻松一些。

很久以前，森林里生活着一种鸟儿，叫寒号鸟。这种鸟儿非常漂亮，浑身上下的羽毛都是彩色的，为此它每天都在河岸边走来走去，炫耀自己的羽毛。每当有其他鸟儿飞来的时候，它就会刻意展示一身羽毛。而当自己独自在河边的时候，它就看着自己被河水倒映出来的美丽身姿，陶醉其中。

美好的时间总是过得很快，不冷不热的季节就要结束，很多树木的叶子开始变黄，秋天已经来了。森林里的鸟儿们全都忙忙碌碌，留下来过冬

的在忙着储备粮食，修葺巢穴，要飞走的候鸟们，则开始策划远行。只有寒号鸟还在河边顾影自怜，丝毫不为将来考虑。天气渐渐凉了，白天的时候有太阳光照射着，还暖和些，每当夜晚来临，气温骤降，寒号鸟只能躲避在石头缝隙中哀号着："真冷啊，真冷啊，明天就垒窝。"然而，次日太阳升起后，寒号鸟便把垒窝的事完全抛之脑后。就这样日复一日，寒号鸟白天晒着太阳悠然自得，夜晚就冻得瑟瑟发抖，哀号不止。有一天夜里冷极了，寒号鸟被冻死在石头缝隙中，再也无法炫耀它那一身美丽的羽毛了。

如果能够早一些垒窝，寒号鸟就不会被冻死，但是它偏偏只顾着臭美，而忘记了生存下来才是头等大事。或者，如果寒号鸟能够和其他鸟儿一起飞到温暖的南方，那么它也不会被冻死。遗憾的是，它什么都不愿意做，只等着寒冬降临。正如时下流行的一句话所说的，不作死就不会死，对于寒号鸟而言，真是自己把自己作死了。做人，也要以寒号鸟为戒，一定要把很多事情都积极地做在前面，这样才能让自己有更从容的时间和人生空间。

懒惰就像是精神上的鸦片，一个人如果习惯了懒惰，就会变得越来越懈怠。很多人都看过埃及的金字塔，知道金字塔是人类的文明奇迹。虽然金字塔很高，但是世界上有两种动物能够到达金字塔的顶端。一种动物是苍鹰。看到苍鹰能登顶金字塔，相信没人会感到奇怪，因为苍鹰有强大的力量。另一种动物是蜗牛——看到这里，大家一定感到难以置信——蜗牛爬行得那么慢，而且那么孱弱，如何能够登顶金字塔呢？其实蜗牛能够登顶金字塔是有原因的，那就是蜗牛尽管爬得慢，却坚韧不拔。还记得龟兔赛跑的故事吗？乌龟最终战胜了飞毛腿一般的兔子，也是因为兔子骄傲，在半路上睡觉，而乌龟始终都在一步一步地向前爬行。古人云，不积跬步无以至千里，不积小流无以成江海。每个人要想进步，就必须脚踏实地努力前行，这样才能在追求成功的道路上始终保持奋进的姿态，才能在遇到各种艰难坎坷的时候绝不懈怠和放弃。古往今来，无数伟大的前辈都取得了成功，他们并非得到了命运的眷顾，也没有过人的天赋，而只是因为持之以恒去努力，才能最终获得成功。从现在开始，再也不要觉得年轻就可以随意挥霍青春，而要争分夺秒，把宝贵的时间都用于学习，从而积累点点滴滴的进步，让自己的未来有与众不同的精彩绽放。

掌握高效学习的方法

一直以来，大家都强调勤奋的重要性，却忽略了要想获得成绩，除了要勤奋学习之外，更要讲究方式方法。方法对了，事半功倍，方法错了，事倍功半。还记得"南辕北辙"的故事吗？故事的主角虽然准备了坚固的马车、充足的盘缠，也聘请了经验丰富的车夫，却因为选择了错误的方法，导致这些有利条件都成为他旅行的不利因素，最终必然导致他距离目的地越来越远。在学习上也是如此，即便具备很多有利的学习条件，如果没有掌握高效学习的方法，就会导致自己付出很多的时间和精力却不能如愿以偿地获得最好的结果。

很多男孩都会发现，在班级里，有些孩子看起来学习很刻苦，也很努力，但是成绩就是上不去。反之，有些孩子看起来学习轻轻松松，每天不但把学习完成得很好，还能富余出一些时间娱乐。这是为什么呢？为何努力更多的孩子没有明显的收获，而看似努力少的孩子却得到命运的如此偏爱呢？其实命运从来不会偏爱任何人，那些学习上收获更多的孩子，无一

不是掌握了学习方法、能够做到高效学习的孩子。由此可见，掌握方法真的非常重要。方法对了，再去努力，就能取得很好的成绩。曾经有科学家经过研究发现，大多数人的智力条件相差无几，除了极少数的天才和弱智之外，其他人的智力水平都处于正常水平。而之所以有的人成就突出，有的人却默默无闻，就差在学习方法和努力的程度上。

美国的教育专家布鲁姆曾经对学习成绩处于班级里中下等水平的孩子进行研究，发现他们只要掌握了科学的学习方法也可以提升学习成就，跻身于优等生之列。俗话说，磨刀不误砍柴工，这句话告诉我们，一个人在上山砍柴之前虽然花费了很长时间去磨刀，但是拿着锋利的刀很快就能砍很多的柴火；而如果拿着一把迟钝的刀上山砍柴，即使上山很早，也会因为刀不好用而导致砍柴效率低下。学习也是如此，每个人都要端正心态，钻研科学有效的学习方法，才能让学习事半功倍。

那么，什么才是有效的、科学的学习方法呢？首先，学习的方式不拘一格，每个孩子都是这个世界上独特的存在，为此不要盲目模仿他人，而要根据自身的特点选择最合适的方法去学习，这样才能收到最佳的效果。其次，不管采取何种方式学习，都要首先制订学习目标，明确学习方向，这样才能直奔目标，提升效率。良好的学习方法能够激发孩子的潜能，让孩子在学习过程中有所收获，得到成功的激励，如此一来，他们当然更愿意学习，也更愿意持之以恒去付出和努力。

具体而言，有以下几种学习的方法可以参考。一是联系学习法。这种方法可以帮助孩子利用已经掌握的知识，从而学习和理解新知识。这样一来，孩子就拥有了知识的宝库，也可以做到融会贯通。二是对比学习法。对比学习法就是把新旧知识、不同的新知识进行对比，从而在它们之间找到关联，进行关联记忆，这样可以有效地减轻记忆的压力，让记忆更加牢固。三是归纳学习法，如运用记忆树的方式把原本零碎的知识点整理和归类。四是问题学习法，即在学习中找出那些自己不理解也没有牢固记忆和掌握的知识，从而对问题进行深入分析和探讨。五是目标学习法，顾名思义就是确立学习目标，明确学习方向，从而使学习事半功倍。当然，学习的方法还有很多，而且不拘一格。不管是什么方法，只要有助于学习，且能对学习起到积极推动作用，就是好方法，就是值得我们去认真学习和钻研的。此外，男孩在学习的过程中，根据所学的知识，也可以创新性地运用这些方法，根据自身的学习情况，对这些方法进行改良，从而提升效率。

学习方法除了要因人而异之外，在处于不同的学习阶段、面对不同的学习任务时，也要与时俱进，而不要始终坚持同一种方法，导致故步自封。学习本身就是改变和创新的过程，男孩更是要有打破思维桎梏的精神，这样才能在学习过程中有更好的表现，才能在成长的道路上之中坚持进取，绝不畏缩和懈怠。

勤学善思，勇于向权威挑战

很多孩子都特别相信权威，例如，在中小学阶段，他们对于老师的迷信心理很强，总是对老师特别依赖，觉得只要是老师说的就是正确的，只要是书本上写的就是毋庸容置疑的。实际上，有些事情没有绝对正确，也没有绝对错误。为此，我们要怀着质疑的思想，去验证一件事情是否正确。每当自己的所思所想与书本上写的或者老师所说的不一致的时候，更是要开动脑筋去验证，而不要盲目迷信。古往今来，很多杰出者都是

善于思考和挑战的人，他们从来不迷信权威，更不会不假思索地听从权威的话。

学习，原本就要带着刻苦钻研的精神，这样才能对于书本上的内容、老师所讲的内容有更加深入的钻研和更加透彻的了解。正如古人所说的，尽信书不如无书，这告诉我们，如果迷信书本而失去了自己的想法和主见，那么书本就成了害人的东西。在西方国家，爱因斯坦也曾经说过，和解决问题相比，提出问题更加重要。由此可见，每个人只有掌握了质疑的钥匙，才能打开学习的门，才能激发自身的求知欲望，对于学习表现出积极探索的优秀品质。现实生活中，很多父母希望孩子能够特别听话，其实是错误的。孩子再小，也是独立的人，有自己的思想和意识，为此父母要更加用心培养孩子的独立性，而不要一味地要求孩子听话，对父母言听计从。否则，孩子就会变成父母的傀儡。有朝一日，孩子长大了，不能继续得到父母无微不至的照顾，而是要独自支撑起人生的广阔天空，此时他们又该如何做到呢？特别是男孩，更是要有胆识有魄力，且要有想法有主见，如此才能成为人生的主宰，才能真正驾驭人生。

作为世界上大名鼎鼎的音乐指挥家，小泽征尔是一个坚持原则且敢于挑战权威的人。

有一次，小泽征尔去参加世界音乐指挥家比赛。在过五关斩六将之后，他和另外两名选手一起得到参加决赛的资格，不过他的出场顺序是最后一个。等到前两个指挥家参加完决赛，轮到小泽征尔上台了，他从评委手中接过比赛的乐谱，熟悉之后开始指挥。

音乐声响起，小泽征尔聚精会神地用指挥棒进行指挥，动作非常流畅，成功的演奏也给了人们听觉上的盛宴。正当演奏进行到半场的时候，小泽征尔敏感地觉察到有一个不和谐的音符出现，他以为演奏家们出现了小小的差错，为此当即指挥乐队停止演奏，从头再来。然而，第二次演奏进行到相同的地方时，又出现明显不和谐的音符。这个时候，小泽征尔认真研究乐谱，发现乐谱上有一个小小的错误。为此，他当即对现场的评委指出来。评委全都是音乐节的专家、权威人士，他们异口同声地告诉小泽征尔乐谱绝对不会有错误。这个时候，小泽征尔想了想，非常肯定地说："就是乐谱出现了错误，我很肯定！"他的话音刚落，评委和专家全都起立给他鼓掌。原来，乐谱上的错误是大赛组委会精心设置的陷阱，在小泽征尔之前的两个指挥家也发现了错误，但是，他们因为畏惧权威而没有坚持自己的判断，最终与冠军失之交臂。而小泽征尔恰恰相反，他没有迷信权威，而是坚持自己的意见，所以才能够荣膺桂冠。

每个人都要善于思考，有自己的想法和主见，这样才能在面对权威的时候坚持开动脑筋，而不是人云亦云。不可否认，权威都是在特别领域里有所建树的人，是值得我们尊重和学习的，但是这并不意味着我们要对权威言听计从。每个人都要有自己的想法，也要坚持自己的主见，如此才能成为一个独立意义上的人，才能坚持学习，精彩绽放。

不要怕有问题，因为有问题才会有进步，也不要担心分歧会导致严重的后果，只有有分歧，才会有探讨和进步。总而言之，问题的出现从来不是糟糕的事情，而是学习的契机，为此，要慎重对待各种问题，也要对问题进行深入研究寻求解决，如此才能激励我们自身也不断进步，努力进取。男孩更是要积极地思考，善于从学习过程中发现问题，这样才能激励自身不断地前进，让自己获得更多的收获。

把学习和思考相结合

孔子说，学而不思则罔，思而不学则殆。这句话告诉我们，每个人在学习的过程中，都要勤于思考，把学习和思考相结合，这样才能把所学到的知识运用好，才能学以致用，快速成长和进步。如果只顾着埋头苦学，却从来不会主动思考，则必然导致学习变得很懈怠，不但没有收获，反而会导致疑惑丛生。俗话说，举一反三，也正是这个道理。古今中外，不管是哪个国家还是民族，对于学习与思考的深刻认知都惊人的一致，例如，德国大名鼎鼎的思想家康德就曾经说过，感性无知性则盲，知性无感性则空。这与孔子对于学习的观念非常一致，也告诉我们，学习必须与思考相结合，才能收到最好的效果。

刚刚降临人世的小生命只能主动学习生存的基本技能，而对于知识和经验的学习，则需要在后天的成长过程中不断地深入思考，才能有所发现，有所收获。然而，对于这些知识的学习也不能生搬硬套，更不能死记硬背，必须讲究方式方法，才能更好地接纳和吸收，才能让知识为我所用。人并非生而就能理解和掌握很多的知识，唯有更好地学习和成长，才能不断地发展壮大，才能让自己更加强大。这和吃饭是一样的道理，把美味的食物吃到肚子里，却不能消化，那么就无法吸收食物里的营养。只有经过消化吸收，才能从食物中获取养分，这样才有益于身体的健康成长。

任何时候，学习与思考都必须相互伴随，只有深入思考，我们才能在学习的过程中汲取更多的养料，才能在学习的过程中掌握更多有用的知识。一个人学习的过程，就是不断地吸纳和积累知识的过程，就是不断深化学习、让学习更进一步的过程。在思考之后再学习，能让学习事半功倍；在学习之后再进行思考，则思考会更加深刻。现代社会，知识呈现出大爆炸的形式，更新换代的速度非常快，我们要想与时俱进，必须学会把学习和思考结合起来，从而从内心深处意识到学习的重要性，也真正感受到思考的重要作用和意义。唯有坚持不懈，无所畏惧，才能勇攀知识的高峰，才能在学习和成长的道路上始终不忘初心，砥砺前行。

一天深夜，大名鼎鼎的物理学家卢瑟福在休息之前巡视各个实验室，发现有一个实验室里还亮着灯，为此他走过去看。这时，他看到有个学生正在实验室里全神贯注地做试验，对于外界的一切事情都无知无觉。卢瑟福走到这个学生的身边，拍了拍他的肩膀，学生这才发现卢瑟福的到来。卢瑟福问学生："夜深了，你还在忙活什么呢？"学生恭敬地回答："老师，我在做试验。"卢瑟福又问："这么晚了你还在做试验，那么你一整个白天的时间都在做什么呢？"学生毫不迟疑告诉卢瑟福："老师，我上午和下午都在做试验，一整天都没有离开实验室。"说这番话的时候，学生脸上明显带着自豪的神情，他想：我这么认真，老师一定会表扬我的。然而，卢瑟福沉思片刻，表情严肃地质问学生："如果你把一整天的时间都用于做试验，那么你还有时间针对实验的情况和结果进行深入的思考吗？如果没有思考，你又从哪里得到收获呢？"听了卢瑟福的指责，学生陷入沉思。

的确，即使是科学家，也不能一味地埋头于实验，而对于实验过程中出现的问题或者实验的结果从来不加以思考。只有开动脑筋勤于思考，才能辨别知识的真伪，才能在不断学习的过程中促使自己更好地成长和收获更多。俗话说，处处留心皆学问，这句话告诉我们，只有先进行思考，才能提出问题，才能从生活中发现更多的学习契机。在学习中，孩子还可以和父母、同学、老师一起探讨各种问题，这样一来，学习过程自然更加顺利，学习可以有的放矢地开展，最终事半功倍。

当然，学习的方式要不拘一格，很多男孩只顾着学习，而忽略了生活和娱乐。实际上，学习的方式多种多样，未必只能通过学习的方式去接纳和吸收知识，在生活中，还可以做到寓教于乐，边玩边学，这样把学习与生活融合起来，全方面覆盖，也会起到很好的作用，这对于成长也是至关重要的。此外，如今有很多孩子都养成了很强的依赖性，习惯了填鸭式教学。如果男孩能够发挥聪明才智，改变思路，端正学习的态度，从被动学习到主动学习，则能收到更好的学习效果。俗话说，心灵手巧，在学习过程中，还要发挥手的作用，做到灵活动手，这样才能让自己更加出类拔萃。

制订学习计划，按部就班完成学习

俗话说，一年之计在于春，一日之计在于晨。这句话充分告诉我们计划的重要性，也告诉我们必须按照计划按部就班去做好每一件事情，才能让整个流程顺利推进。制订计划不但能给我们的学习以有效的指引，还能帮助我们学会合理利用和珍惜时间，要知道，把事情分清楚轻重主次一件一件地完成，远远比混乱地、不分主次地完成诸多事情效率更高。为此，制订学习计划是很有必要的，这样才能按部就班地完成繁重的学习任务，才能一步一个脚印踏踏实实地在学习的道路上进取。

很多男孩都读过《八十天环游地球》，为此产生了周游世界的美好设想。实际上，学习也和环游世界一样，虽然听起来不可能在80天的时间里围绕世界一圈，但是只要努力认真地去做，制订详细周密的计划，就可以真正实现伟大的设想。最终，《八十天环游地球》中，主人公成功地花费

80天的时间围绕整个地球转了一圈，这不是因为他有神奇的能力，而是因为他做事情有计划，且能够按照计划顺利推进。和环游世界相比，学习的工程同样庞大。乍看起来，学习就是每天坚持上课、听讲，每天坚持完成作业，实际上学习是一个系统的工程，绝不像它所表现出来的这么零碎和片面。作为行动者，我们必须全力以赴去做好该做的事情，这样才能不断推动和激励自己努力向前，才能按照计划获得更多的收获。

学习绝不是百米冲刺，并非只凭冲力和闯劲就能做好的，而是更像马拉松比赛，不但要有强大的体力作为基础和支撑，还要有顽强不屈的毅力。这样才能有条不紊地奔向目标，实现学习的目标和意义。古人云，凡事预则立，不预则废，说的就是这个道理。

1984年，日本京东举行了国际马拉松邀请赛。在这次比赛中，名不见经传的山田本一出人意料地获得了冠军。得知山田本一获得冠军的消息后，很多记者都赶来采访他。一位记者询问山田本一："请问，您是如何获胜的？"山田本一微笑着回答："凭着智慧取胜。"对于山田本一的这个回答，大家都不以为然："马拉松凭的是耐力和体力，爆发力都不能起到决定性作用，和智慧有什么关系呢！"看着山田本一高深莫测的样子，大家都以为山田本一是在故弄玄虚，为此断言山田本一只是凭着运气获胜，并不是真正有实力的选手。

时隔两年，意大利米兰举行了国际马拉松邀请赛，山田本一又一次夺冠。如果说山田本一曾经获得冠军是因为运气，那么，再次赢得冠军，就不能用运气来解释了。和上次一样，在接受记者采访时，木讷寡言的山田本一依然说自己凭着智慧取胜。这个回答让人十分费解。直到若干年后，山田本一出版自传，大家才真正了解他所说的凭着智慧取胜是什么意思。原来，山田本一每次参加马拉松比赛之前，都会亲自熟悉比赛道路，并且

以各种鲜明的标志物对赛道进行划分。这样一来，他把原本漫长的马拉松赛道分为若干段。在跑马拉松的过程中，山田本一努力奔跑，每到达一个标志物，就会继续快速奔向下一个目标。当其他选手因为目标遥遥无期而感到懈怠和无奈的时候，山田本一却始终保持昂扬的斗志和充沛的精力，支撑自己努力向前，最终跑完整个赛程。

了解了山田本一跑马拉松的智慧，我们就不会觉得他说"凭着智慧取胜"是故弄玄虚。从心理学的角度而言，一个人如果有了明确的目标，就可以在行动的过程中持续参照目标，对自己的行动进行督促。学习也如同漫长的马拉松，要想很快地跑完全程，除了要有远大的目标作为方向的指引之外，还要始终坚持执行计划，一步一个脚印实现中短期目标，这样才能积少成多，向着远大目标不懈前进，最终实现伟大志向。

当然，制定订学习计划并非简单容易的事情，是要结合自身的实际情况和学习的进度情况，有的放矢地制订切实可行的计划。每个人都有优势，也有劣势，不可能做到面面俱到，诸如有的男孩擅长理解和记忆，有的男孩擅长逻辑思维，有的男孩的机械记忆的能力很强，还有的男孩擅长动手、进行实践操作等。这些都是男孩不同的学习特点，要因人而异制订学习计划。

制订学习计划，还要根据学校里的学习进度进行，从而与学校里的学习相得益彰，互相促进。计划的内容一定要具体详细，而且要突出重点，而不要分不清轻重主次，导致学习上陷入混沌无序的状态。当然，人不是机器，不可能始终都在工作和学习，而不需要休息，为此还要注意留下充足的时间休息，这样才能做到劳逸结合，才能让学习效率倍增。

制订计划只是开展高效率学习的第一步，在制订合理周密的计划之后，更为重要的是让自己坚决执行计划。毋庸置疑，执行计划时，需要有毅力才能坚持下去，毕竟每个人都有趋利避害的本能，都想在付出更少的情况下获得最大的收获。为此，执行计划时，要坚持付出，也要灵活地随机应变，根据计划的推进情况随时调整计划，从而让计划在学习过程中达到最大的效率，发挥最好的作用。总而言之，计划是人制订的，是需要与时俱进的，也是需要坚决执行的。只有坚持执行计划，并随时调整计划，才能让计划发挥最大的作用和效力，才能让计划有的放矢地实施。

从身边的同学中寻找榜样

古人云，近朱者赤，近墨者黑，这句话告诉我们环境对于每个人的影响是很大的。尤其是对于孩子而言，因为孩子正处于快速成长和学习的关键时期，更是要融入健康、积极、向上的人际圈子，才能获得良好的成长和发展。当然，圈子不是朝夕之间就能形成的。男孩应该在同学中为自己寻找积极的榜样，这样才能在日常学习中多多向同学学习，耳濡目染地接受同学的积极影响。

我们为自己树立怎样的榜样，就可能变成怎样的人，由此可见，树立目标很重要。每个人都需要榜样，只有在榜样的带动作用下，我们才能持续充实自己，让自己坚持进步，获得更加快速的成长。古人云，三人行必有我师，男孩不要总是盯着他人的缺点看，而是要更多地看到他人的优点，这样才能向他人学习，努力提升自己。当然，与此同时，他人也会学习男孩的优点，从而与男孩共同进步。

需要注意的是，树立榜样固然可以选择那些伟大的人物作为标杆，却也不要忘记从身边的同学中找榜样。以大人物作为标杆固然可以激励自己

进取，但是大人物距离我们的生活很远，而且富有传奇色彩，为此，未必适合作为学生的男孩去切实学习。相比之下，因为同学是和男孩一样的学生，所以，对于男孩而言，以同学为学习榜样会更加切实可行。最重要的是，很多同学还和男孩拥有共同的兴趣爱好、理想志趣，也会玩同一个游戏、读同一本书，因而会更加志同道合，也有更多的共同语言。所以榜样未必是名人、伟人，也可以是我们身边普通的同学、朋友，只要能够向他们积极地学习，挑战和突破自我，并激励自我不断进取，就可以对我们的成长起到正向的影响作用。

一直以来，大壮在学习上都很落后，为了激励大壮努力学习，妈妈想方设法，却收效甚微。直到升入初中之后，大壮突然在学习上有了突飞猛进的发展，一开始妈妈还以为大壮长大了，知道了学习的重要性，却没想到让大壮有巨大转变的是大壮的新同学兼新同桌——高明。

高明是个不折不扣的学霸，不但学习上认真刻苦，而且学习成绩出类拔萃。最重要的是，高明不是只知道学习，他还很擅长玩耍。每次下课，高明都和大壮一起玩，也玩出了大壮从未玩出过的新花样。这样一来，大壮对于高明心服口服。每当高明玩出新花样，大壮就总是对高明顶礼膜拜，非常羡慕高明。最终，他索性拜高明为师，高明也收下了大壮这个徒弟，不过，他和大壮约法三章："要想和我一起玩，上课必须认真听讲，放学必须第一时间认真完成作业，最后才能高高兴兴、无忧无虑地玩耍。"为了能和高明玩在一起，大壮对高明言听计从。一个学期下来，大壮一跃成为班级里的中等生，让老师和父母都对他刮目相看。

为何妈妈想了那么多办法，都没有激励大壮把学习成绩搞上去，而高明一来，就能让大壮主动且认真学习呢？就是因为高明和大壮是同龄人，而且是同班同学兼同桌。当大壮什么都模仿高明去做时，他不但完成了学习的基本任务，也在不知不觉间提升了学习的成绩。为此，男孩很需要一个同班同学作为榜样，而且这个同学要有独到之处，能够获得男孩的认可和接纳，这样，男孩才会心甘情愿向榜样学习，并因为与榜样走得很近而在无形中受到榜样的熏陶。这样一来，进步也就水到渠成了。

当然，在为自己树立榜样的时候，男孩要端正态度，有正确的思想，切勿坚持找到一个各方面都很完美的榜样，因为世界上根本没有绝对完美的人存在。男孩要客观认知其他同学，衡量其他同学的优点和缺点，从而学习同学的优点。所谓金无足赤，人无完人，一个人不可能在每个方面都做得很好，也不可能面面俱到、绝对全方面发展。我们要怀着理性的态度对待他人，这样才能激励自己不断地进取和前进，才能发掘自身的巨大潜能，在学习的过程中有更好的表现。

第5章

不怕挫折敢于拼搏，男孩要有战胜一切的胆量

每个人在生命的历程中难免会经历各种各样的挫折，孩子也是如此。正是因为处于成长的过程中，所以男孩更是会遇到各种各样的困难。面对形形色色的挫折，男孩必须具有勇敢拼搏的精神，才能提高胆量，战胜人生的坎坷磨难，从而更加全力以赴地成长，让自己的自理能力更强，未来也更加绚烂多彩。

培养自理能力

　　现代社会，很多父母都特别溺爱孩子，恨不得全方位照顾孩子，不让孩子有任何的闪失，也不舍得让孩子承受任何压力和责任。殊不知，这样的全方位关照，对于孩子而言绝不是好事情，很多孩子在父母和长辈的骄纵和宠溺下，依赖性越来越强，根本无法照顾好自己，更无法养成照顾自己的好习惯。为此，他们不管做什么事情都要靠着父母的帮助和照顾，一旦离开父母的身边，根本无法正常生活。不得不说，这样长大的孩子无法肩负起人生的重任，一切进展顺利倒也还好，一旦遭遇坎坷挫折，马上就会缴械投降，无法与人生展开博弈。然而，谁的人生能够一帆风顺呢？因此，父母也要与时俱进，陪伴孩子成长，而不要总是对于孩子的人生采取寸步不离的态度，对于孩子绝不撒手。只有及时放手，让孩子尽量独立地面对成长，孩子才会成长更快。

　　一个人如果没有自理能力，未来独自面对人生的时候就会遭遇很多困境。前些年有报道称，有大学生因为从未见过带壳的鸡蛋，所以面对从学校食堂里买回来的鸡蛋不知所措；也有的大学生因为从未自己铺过床，所以到学校报到后根本不知道怎么铺床。不得不说，这些孩子在学习方面有出类拔萃的表现，而在生活方面却常常会感到无奈且无助。从短时间来看，一切都被父母安排得很好，自己不需要操心，是很惬意的，但是，从真正成长的角度而言，若离开了父母就不能独立生存，对于男孩而言则是

莫大的灾难。父母即使再爱孩子，也不可能始终陪伴在孩子身边。同样的道理，孩子即使再依赖父母，也要渐渐长大，走向属于自己的人生。正如台湾作家龙应台所说的，所谓父母子女一场，就是做父母的看着子女不断成长，渐行渐远。尽管心中有不舍，却目送孩子一程又一程，看着孩子渐渐地走向独立，走向属于自己的人生目标。

在这个世界上，每个人都要学会生存。试问，一个人如果不能很好地照顾自己、有质量地活着，还谈何发展呢？生存涉及很多方面，简单的如衣食住行，复杂的如荒野求生，不管在怎样的环境中，唯有生存下来，才能更好地成长，也唯有生存下来，才能让自己获得更好的发展和成长。

前些年，被誉为中国神童的魏永康年仅17岁就考入中科院高能物理所，开始了硕博连读。这个消息一经传出，很多父母都感到非常羡慕。魏永康很小的时候就表现出不同寻常的学习能力——两岁就认识1000多个汉字，4岁就完成了初中知识的学习，8岁进入重点中学读书，13岁进入湘潭大学物理系开始学习，17岁更是直接考入中科院进行硕博连读。听起来，魏永康的前途不可限量，未来的人生道路璀璨辉煌。然而，让大家都大跌眼镜的是，在中科院学习3年后，魏永康被中科院退学。对此，中科院给出的解释是，魏永康极度缺乏生活自理能力，知识结构不完善，无法适应中科院的学习和研究生活。

原来，魏永康虽然在学习上独具天赋，但是在生活上是不折不扣的"低能儿"。在读高中时期，他虽然年纪小，但是也已经十几岁了，竟仍需要妈妈给他喂饭吃。后来，妈妈更是和魏永康一起读大学，始终贴心陪伴和全方位照顾魏永康。妈妈照顾得越是全面和精细，魏永康越是依赖妈妈，最终变成了学习上的巨人，生活上的矮子。然而，如今社会培养人才讲究全面发展，只是在某个特殊领域内有所专长，并不能适应现代社会对于人才的需要。

每一个男孩都要认识到这个道理，避免依赖父母，从而更加独立自强，学会照顾好自己的生活，并与时俱进地提升自己的独立生存能力。新生儿呱呱坠地时并不具备照顾自己的能力，随着不断的成长，小生命开始学习各种生存技能，等到一定的年龄阶段后，才进入学校开始系统地学习知识。实际上，男孩在进入学校之前，就应该具备基本的生存能力，这样才能在学校里更好地学习。面对生活中的很多难题，一定不要畏难，而要迎难而上，把生活打理得更好，这样才能具备基本的生活技能，并让自己的生活起居都有很大的进步。

在哪里跌倒，就从哪里爬起来

每当看到孩子跌倒了，很多父母的第一反应就是冲过去把孩子扶起来，而且会焦急地检查孩子的情况，看看孩子是否因为跌倒而受伤，如果孩子哭泣，父母还会想方设法哄孩子开心。细心的父母会发现，若父母对于孩子跌倒的反应很强烈，孩子往往会忍不住哭起来，而若父母对于孩子跌倒态度淡然，不是冲上前去扶起孩子，而是微笑着站在远处，鼓励孩子自己爬起来，那么年幼的孩子内心就不会那么紧张，反而会主动爬起来，拍拍身上的泥土继续前行。若父母坚持让孩子自己爬起来，渐渐地，孩子对于跌倒就不会那么恐惧，而是会意识到跌倒很正常，爬起来继续向前走就好。这样有助于培养孩子的独立性，也会让孩子的内心变得越来越强大。

人生就像是一场未知的旅程，在旅行的过程中，我们是会看到鲜花，还是会遇到风雨泥泞，这并非我们能够决定的。没有任何人生会一帆风

顺，每个人的人生都会遭遇坎坷、挫折和困难，要想获得成功，更是要经历无数次失败的打击和磨难。这些不如意，都是我们在人生中跌的跤，也许小时候有父母来扶持和保护我们，但是，随着渐渐成长，我们必须学会独自面对，独立承受。

很多男孩从小就一帆风顺，为此，在遇到坎坷挫折的时候，常常会因为心理很脆弱而一蹶不振，不愿意爬起来继续前行，而是任由自己恐惧、紧张和畏缩，就这样停留在原地。殊不知，生活始终在飞速向前，如果我们总是停留在原地，则只会导致人生止步不前。在生命的状态中，止步不前无法保持静止，而是会处于不断退步的状态，持续落后。正如人们常说的，生活如同逆水行舟，不进则退。为此，我们只有扬起风帆，驾驶生命之舟努力地逆流而上，才能保持进步的态势，才能始终精神振奋，昂扬向上。古今中外，无数有所成就的人并非因为得到了命运的善待才能获得成功，而是因为他们在面对一切挫折和磨难时始终都能坚持努力向前，所以才能踏遍荆棘，冲破逆境，勇往直前。

美国前总统林肯一生之中遭遇无数坎坷挫折，却从未放弃过努力，所以才能让人生绽放出光彩，才能在世界历史上留下浓墨重彩的一笔。林肯9岁的时候，就失去了母亲，后来过着颠沛流离的生活，饱尝生活艰难。22岁那年，为了摆脱贫穷的厄运，林肯选择经商。没想到，很快他就因为经营不善而宣布破产。此后，林肯决定弃商从政，想要走上仕途，改变命运。23岁那年，林肯参加了州议员竞选，以失败而告终。24岁那年，他再次尝试经商，这次经商失败给了他沉痛的打击，使他欠下巨额债务。此后的16年里，林肯一直在偿还债务。

经商再次失败，让林肯意识到自己并不适合经商，为此他再次回到政坛。这一次，他竞选州议员，终于获得成功。这极大地鼓舞了林肯，让始终失败的他看到了希望之光。29岁时，林肯竞选州议员的发言人失败，从此之后，命运再次开启了残酷对待林肯的模式，后来，他竞选国会议员失败。幸好林肯没有放弃，终于在37岁那年成功当选国会议员。然而，在任期满了、争取连任的时候，他再次失败了。几年过去，他重新竞选国会议员，还是以失败而告终；之后又参与竞选副总统，也失败了。看到这里，作为读者的你一定也为林肯着急，接二连三的失败之下，林肯还能再次站起来吗？当然，林肯始终没有放弃，在51岁那年，他通过不懈努力，终于成功当选美国总统，入驻白宫，到达了人生的巅峰。

林肯之所以能够不断地努力进取，就是因为他胜不骄、败不馁，尤其是在接踵而至的失败面前，他从未放弃过希望，而是一直坚持努力向前，所以才能够在一次次失败之后坚强地站起来，最终获得了前所未有的成功，成为美国的总统。

男孩们，不要羡慕那些伟大的人，更不要只看到他们光鲜亮丽的一面，而要看到他们在追求成功的道路上跌倒了多少次都能勇敢无畏地站起来，毫不懈怠地继续努力前行。唯有如此，才能在磨砺中坚持成长，让自己从身体到心灵都变得更加强大和无所畏惧。俗话说，吃一堑长一智，实际上吃点儿亏或者犯一些错误并非不可原谅。孩子正是在不断犯错的过程中得以成长。犯错误不可怕，可怕的是在犯错误之后依然浑浑噩噩，不知道悔改；最重要的是及时反思自己，努力地向上，这样才能以更快的速度增强自己的能力，提升自己的水平，从而更加接近成功。

不经历风雨怎能见彩虹

很多孩子都怕吃苦，这是因为他们从小到大习惯了接受父母无微不至的照顾，也习惯了衣来伸手，饭来张口，凡事都被安排好，只等着享受即可。不得不说，过于顺遂如意的童年生活，往往会导致孩子在长大成人之后无法承担起生活的重任，更经不起任何挫折和打击。这样一来，孩子在成年之后的生活，因为离开了父母的照顾与呵护，必然会很不顺。正如一首歌里所唱的，不经历风雨怎能见彩虹，没有人能随随便便成功。的确如此，苦难是人生最好的学校，一个人如果不曾被生活磨砺，就不可能拥有强大的内心和顽强不屈的毅力。作为男孩，我们更是要避免从小就被泡在蜜罐里的日子，要敢于吃苦，勇于吃苦，这样才能不断地激励自己，督促和鞭策自己成长。

要想长大成人之后拥有与众不同的人生，就要从现在开始无所畏惧地面对人生，积极地吃苦，并坚定不移地向前。不得不说，现代社会有很多孩子的内心都非常脆弱，甚至不堪一击。正值开学季，一个初中男孩前一日去学校报到，次日凌晨在家里跳楼自杀。没有人知道孩子的内心经历了什么，但是有一点毋庸置疑，他并非面临非死不可的事情。之所以会有这样的悲剧发生，就是因为男孩的心理承受能力差，从未遭受过任何坎坷挫折，所以，在面对人生小小的不如意时，他就会觉得遇到了过不去的坎，因而作出了非常糟糕的选择。人生从来不如意，一个人要想更好地面对人生，必须让自己的内心变得强大，这样才能以不变应付人生中的万变，才能真正在人生中崛起，成为驾驭人生的主宰。

很多男孩都有一个梦想，那就是让自己成为真正的男子汉。提起"男子汉"三个字，人们脑海中马上就会浮现出阳刚的形象。当然，男孩并非生下来就是男子汉，而是要在后天成长的过程中不断地历练自己，增强自己的信心和能力，才能在遇到人生艰难坎坷的时候以强者的姿态出现，才能在面对人生未来的时候始终都勇往直前，无所畏惧。要想实现成为男子汉的伟大梦想，就要战胜内心的恐惧，就要敢于吃苦。虽然吃苦会给人带来不愉快的体验，人人都想趋利避害，祈祷人生一帆风顺，但是吃苦并不能避免。在生命的历程中，每个人都有自己的烦恼，也会遭遇各种各样的坎坷挫折，更是偶尔会被打击得一蹶不振。但是这一切都不是放弃努力的理由，我们必须更加坚定内心，勇往直前，做好一切承受打击和战胜暴风雨的准备，才能在一次又一次经历风雨之后获得成长，不断地涅槃。唯有如此，我们才能在人生中更加全力以赴地前进，才能乘风破浪。

有一天，上帝来到一片麦田里，正巧农夫也在，看到上帝，农夫马上跪倒在上帝面前祈祷。农夫对上帝说："今年天时不好，所以收成很糟糕。您能让明年风调雨顺，给我们一年的好收成吗？"看到农民祈祷得很虔诚，上帝答应了农民的请求。

果然，第二年，风调雨顺，为此农民很高兴，再也不用去给土地浇水，而是坐在家里等着丰收的那一天。然而，到了丰收的日子，农民兴致勃勃地赶到地里一看，所有的麦子都高昂着头，居然没有一穗麦子是沉甸甸的。农民纳闷不已，问上帝："上帝啊上帝，不是说好风调雨顺有好收成的吗？"上帝微笑着说："我只管风调雨顺，至于收成好不好，则是土地说了算。"农民哭丧着脸说："风调雨顺，为何收成反而不好呢？"上帝语重心长地告诉农民："其实，麦子成长不但需要雨水的滋养和阳光的照射，也同样需要病虫灾害。只有承受磨难，麦子才会长得更好，才会在考验之下有更好的收成。麦子若从不经受任何打击和磨难，只会变得非常脆弱，不堪一击，也因为没有激发出自身的力量，所以，哪怕成长的条件

都具备，环境也很好，也无法获得好收成。"听到上帝的话，农民恍然大悟，再也不要求上帝必须风调雨顺了。

麦子得不到考验，就无法爆发生命的力量长得更好。同样的道理，孩子在成长的过程中也不能过于顺遂如意，否则，就会因为得不到打击和磨难而变得很懈怠，生命的力量自然得不到爆发。尤其是男孩，内心深处蕴含着强大的力量，必须在关键时刻才能呈现出来。为此，男孩一定要主动吃苦，承担起生命的重任，这样才能不断地成长，变得更加成熟和强大。

孟子说，天将降大任于斯人也，必先苦其心志，劳其筋骨，饿其体肤，空乏其身，行拂乱其所为，所以动心忍性，曾益其所不能。这句话告诉我们，吃苦对于每个人的成长来说只有好处，没有坏处。常言道，不经历无以成经验，这也告诉我们很多事情必须不怕苦不怕累不怕难，亲身去经历，才能熬到最后，苦尽甘来。

男孩一定要有意识地吃苦，经历风雨的历练和洗礼，在生活的磨难和挫折的打击下，如同高尔基笔下的海燕一样顶风冒雨前进，这样才能坚持进步，持续成长，才能让自己变得更加强大和无所畏惧。

踩着失败的阶梯不断前进

人人都想获得成功，没有人想要失败，更不愿意与失败纠缠，男孩也是如此。然而，男孩正在成长的过程中，心智发育不完善，人生经验也很匮乏，为此，在奔向成功的过程中，难免会遭遇各种坎坷挫折，也会因为失败而一蹶不振。正如一首歌唱的，不经历风雨怎能见彩虹，没有人能随随便便成功。对于男孩而言，更是要学会以正确的态度面对失败，积极地反思自己，从失败中汲取经验和教训，这样才能踩着失败的阶梯向上攀登，最终到达成功的巅峰。

然而，积极进取说起来很容易，真正要想做到并不简单。很多男孩一旦遭遇失败就会一蹶不振，又因为从小就习惯了过一帆风顺的生活，所以他们承受挫折和打击的能力很差，常常会在失败的时候觉得万念俱灰，甚至会主动放弃，不再努力。不得不说，努力了也许还有成功的希望和逆转的可能性，如果放弃，则只会导致彻底失败。为此，男孩必须端正心态，在面对失败的时候依然心怀希望，这样才能始终牢记失败是成功之母的道理，才能在失败之后始终坚持努力，给予自己更多的成功机会和更大的成长空间。

从某种意义上而言，失败比成功更重要。成功的经验固然宝贵，但是失败的经验更加宝贵。只有失败，才能告诉我们哪些事情是可行的，哪些事情是不可行的，也只有失败，才能激发我们反思的动力，让我们主动反省自己，从而努力争取做到扬长避短，取长补短。有人说，命运总是公平的，在给人关上一扇门的同时，也会给人打开一扇窗户。为此，面对失败时，只要不放弃，就能从失败中找到成功的契机。当然，因为失败而反省、总结经验、得到教训之后，我们还要及时从失败的阴影中走出来，这样才能怀揣着希望努力前行。如果总是沉浸在失败带来的沮丧情绪之中，则只会让我们更加颓废沮丧，也会因为一蹶不振而导致人生面临绝望的困境。

有一天，孟敏拿着瓦罐在路上行走，突然，他险些被一块小石头绊倒，手里的瓦罐也掉在地上摔碎了。瓦罐里还盛满了油呢，这下子油也都浸入土壤之中。孟敏低下头看了看瓦罐，当即继续朝前走去，神色平静，丝毫不觉得可惜。这一幕正巧被郭林宗看到，郭林宗感到很纳闷：孟敏不但摔碎了瓦罐，还把油全都洒了，为何不觉得可惜，反而就像什么事情都

没有发生一样呢？为此，郭林宗快步赶上去，问孟敏："你的瓦罐摔碎了，油也洒了。你不知道吗？"孟敏毫不迟疑回答："我当然知道。但是，瓦罐已经摔碎了，油也都已经洒了。就算我哭天抢地，难道能挽回这一切吗？"郭林宗摇摇头，孟敏接着说："既然如此，我为何还要懊悔呢！不如去做该做的事情！"郭林宗觉得孟敏说得很有道理，不禁对孟敏刮目相看。

在这个事例中，孟敏无疑是很想得开的。他对于已经打破的瓦罐和洒了的油，尽管也觉得很可惜，却没有因为这件突发的事情而影响自己的心情，更没有耽误自己要做的事情。为此，他才会继续朝前走去，对于失去的一切丝毫不觉得惋惜，因为他知道把接下来该做的事情做好才更重要。

人生中，有很多事情一旦发生就无法挽回，与其为了那些不能挽回的事情而感到颓废沮丧，耽误手中正在做的事情，不如调整好心态，这样才能全力以赴去做该做的事情。正确地面对失败对于每个人而言都很重要，因为我们无法完全掌控事情的发展，所以，失败对于每个人来说都不可避免。只有端正态度面对失败，从失败中汲取经验和教训，我们才能更加全力以赴地经营好人生，才能在成长的道路上始终保持积极的心态。从辩证唯物主义的角度来看，凡事都有两面性，既有消极的一面，也有积极的一面。为此，不管遇到什么事情，我们都不要只看到一面，而忽略了另外一面。在得意的时候，要想到人生不会一直顺遂如意，从而做好准备迎接接下来的各种局面。在失意的时候，要想到人生不会始终都处于谷底，只要坚持不懈，就能渡过艰难坎坷，到达人生中更加顺利的局面。总而言之，人生处于瞬息万变之中，我们也要随着人生的发展调整心态，做到与时俱进，这样才能从容应对人生中的各种状况，获得最好的成长和发展。

困难像弹簧，面对困难要坚强

有一首打油诗说："困难像弹簧，你强它就弱，你弱它就强。"的确如此，困难是会察言观色的，在人生的道路上，我们必须始终保持积极勇敢的心态，才能真正战胜困难。若是在还没有遇到困难的时候就马上失去战斗力，还没被困难打败自己就先放弃了，则无论如何也不能获得成功。真正明智的人在面对困难的时候会更加激励自己，让自己变得坚强和无所畏惧。他们的心态很积极，会朝着好的方向去想，从而在黑暗之中看到微光，在绝境之中找寻到希望。可想而知，在这样的状态下，战胜困难也就是可以预期的。

每个人在生命的历程中，都不可能避开所有的困难，困难就像是人生的小插曲，总是存在着。男孩正处于成长的关键时期，更是会遇到形形色色的困难，只要端正心态，以积极的态度面对和迎接困难，就能够战胜困难，在做很多事情的时候都始终坚定不移，勇往直前。偏偏有很多孩子习惯了顺遂如意地成长，他们哪怕遇到小小的坎坷挫折也会内心颓废沮丧，也会怨天尤人，第一时间就想要放弃。生命的时光是宝贵的，与其浪费大量的时间去抱怨，还不如把时间用于做有意义的事情，哪怕不能在很短的时间内获得成功，只要能够始终坚持做好点点滴滴的小事情，就可以不断地积累，让人生有更好的成长和更大的进步。俗话说，勿以善小而不为，同样的道理，也不要因为事情小就不重视，更不要因为进步小就不去进步。古人云，不积跬步无以至千里，不积小流无以成江海，唯有坚持点点滴滴地进步，我们才能聚沙成塔，凭着顽强的毅力和脚踏实地的精神获得进步。

作为香港首富，李嘉诚的大名无人不知，无人不晓。然而，李嘉诚可

不是所谓的富二代，他小时候家境贫苦，生活艰难，正是因为他非常努力上进，勤于吃苦，才渐渐地改变自己的命运，带领全家人都过上了好日子。

最初，李嘉诚在一家企业里从事推销工作。众所周知，推销工作是难度很大的，毕竟是要从别人的口袋里往外掏钱。李嘉诚既没有推销的路子，也没有推销的经验，只能硬着头皮去做。有一天，他来到一座写字楼里推销洒水器，花费了整个上午的时间拜访了好几家公司，他仍没有卖出去一个洒水器。眼看着到了中午，李嘉诚心急如焚：如果到了下午我还是没有卖出去洒水器，那么我今天就是无功而返。想到这里，他没有放弃，反而更加努力地去推销，争取下午有好收获。

下午，李嘉诚又去了一座写字楼。进入这座写字楼，目光所及之处都是灰尘。这个时候，李嘉诚突然产生了灵感，他没有急于去各家公司推销，而是找到卫生间把洒水器里灌满了水，把楼道打扫得干干净净。看着楼道整洁，焕然一新，保洁人员马上对洒水器产生了兴趣，为此，李嘉诚轻松地推销出很多洒水器。在推销洒水器的日子里，李嘉诚继续沿用这个办法，销售业绩果然节节攀升。

对于一个等着赚钱养家的穷苦孩子而言，每一天的劳无所获都是不能承受之重，面对压力山大的销售工作，李嘉诚当然也心急如焚，但是，他没有放弃希望，而是继续努力和坚持想办法战胜困难。功夫不负有心人，在主动地把写字楼道里的卫生打扫干净之后，李嘉诚终于成功地推销出去洒水器，找到了销售的好方法。如果他在上午毫无收获之后就放弃了努力，那么，这样的小小成功就不会到来。

作为男孩，我们更是应该坚强勇敢，越是面对困难，越是要表现出顽强不屈的毅力，这样才能最大限度激发自身的潜能，创造生命的奇迹。当然，要想做到战胜困难，就要做到以下几点。首先，遇到困难的时候不要慌张，要保持理性，并且要有充分的信心相信自己一定能够战胜困难。只有表现出强大的精神力量，才能从精神上战胜困难。其次，要展开实际行动不断地尝试，从而找到战胜困难的有效方法。很多人只把战胜困难作为口号去喊，而从来不会真正战胜困难，总是知难而退，看到困难就会畏缩，以致在成长的道路上止步不前，畏缩退却。曾经有心理学家经过研究证实，大多数人的先天条件相差无几，那么，在后天成长的过程中，他们为何成就相差迥异呢？这是因为有些人有成功的气质，而有些人却总是与失败纠缠，无法自拔。归根结底，这是因为他们对待困难的态度不同。真正的成功者总是保持积极乐观的心态，哪怕遇到很多坎坷挫折，也总是能够不遗余力地战胜困难；而失败者呢，即使遇到的困难很小，也总是自暴自弃，轻而易举就放弃。作为男孩，我们要让自己具备成功的潜质，就要形成积极乐观的心态，这样才能在成长的过程中战胜一切困难。最后，还要学会求助，把自己融入团队之中，获得力量。一个人的力量终究是有限的，一个人即使能力再强，也不可能完全依靠自己的能力解决一切难题。当遇到自身无法解决的难题时，就要学会求助，集合他人的力量一起解决问题。古人云，得道多助，失道寡助，要想得到他人的慷慨相助，男孩就要拥有好人缘，这样才能在艰难时刻得到更多的帮助，从而有效地解决问题。

总而言之，每个人在生命历程中都会遇到各种各样的困难，最重要的就是坚持不放弃，这样才能突破困境，让自己在成长的道路上大步向前，并在坚持与困难博弈的过程中提升自己的能力和水平，变得更加充实与强大。

激励自己，突破和超越自己

一个人的能力是有限的，要想不断地成长，就要突破和超越自己，这样才能让自己的未来有更辽阔的空间。如果总是故步自封，或者在遭遇小小的失败后就总是批评和否定自己，则只会导致自己的成长受到限制和禁锢，也导致自己变得越来越落后。任何时候，我们都要坚持激励自己，这样才能不断地突破和超越自己，才能在成长的过程中海阔凭鱼跃，天高任鸟飞。若总是沉浸在失败的阴影中无法自拔，只会导致自己的内心更加脆弱和无助。

人生难免会遭遇各种瓶颈，如果能够打破瓶颈，我们未来就会获得成长和发展，反之，如果被瓶颈局限住，就会导致成长受到禁锢，也会使内心变得惶恐不安。作为男孩，我们一定要有自信，面对人生的未知，不要自我限制，而要相信，只要非常努力和坚持，总能做好那些想做的事情，也总能突破和超越自己，让未来变得更加精彩。在此过程中，男孩还要学会激励自己。从心理学的角度而言，积极的自我暗示会给人带来非常强大的力量，而消极的自我暗示则会使人自暴自弃，变得颓废沮丧。很多男孩都希望得到老师、父母的认可和赞赏，仿佛唯有如此内心才能充满力量。实际上，总是奢望从他人那里得到认可是不可行的，男孩要学会自我激励，这样才能从自己的内心得到源源不断的力量。

古今中外，无数成功人士各有各自成功的原因，但是他们也有一个共同点，那就是他们都非常自信，也善于进行自我激励，坚持突破和超越自我。正是因为如此，他们才能不断地增强自身的能力，提升自身的水平，才能在进步的过程中大步流星地向前进。作为男孩，我们也许非常普通，在很多方面都不如他人，但是，一定不要自暴自弃，而要坚信自己是最强大的，也要坚信自己可以做到最好。唯有如此，才能始终挑战自己，让自己从一棵小草变成参天大树。俗话说，人生不如意十之八九，这充分告诉我们做任何事情都不可能一帆风顺，而是会遭遇各种坎坷磨难。为此，我们必须做好心理准备，以正确的姿态面对人生，如此才能在人生道路上畅行无阻。越是在艰难坎坷的时刻，越是要给自己积极的心理暗示，这样才能从容淡然，勇往直前，才能在成长的过程中让自己变得更加强大和无所畏惧。

激励很重要，也是有技巧的。正确恰当的激励会让男孩生出自信的翅膀，也会让孩子变得更加坚强和无所畏惧。如果激励方式不恰当，就会伤害男孩的自信心，导致男孩对于人生失去信心，也不愿意坚持努力。为此，激励要讲究方式，掌握技巧，才能收到事半功倍的效果。首先，要确立明确的目标。有明确的目标，努力才有方向，若努力总是漫无目的，则只会导致事倍功半。其次，要相信自己能够实现目标，制订计划，并坚决执行计划。即使再远大的目标，如果没有计划和实际行动作为指引，也会变成彻头彻尾的空想，根本无法对我们的人生起到积极的作用。唯有制订详细周密的计划，并切实执行计划，才能按部就班地推动计划向前。再次，为了给自己更强的监督力，不妨把计划公之于众，这样一来，你哪怕遇到困难想要终止计划，也会想到没法儿向那些知道内情的人交代，为此就会督促自己更加努力去做，从而把计划坚决执行到底。最后，激励自己的方式有很多，要因人因事而异，而不要总是墨守成规，导致计划变成空洞的、毫无意义的形式性的东西，失去意义。

总而言之，做任何事情都不可能一蹴而就，每个人都必须坚持内心的想法，明确人生的目标，并向着正确的方向砥砺前行，才能突破和超越自我，才能创造生命的奇迹，获得充实精彩的人生。

第 6 章

男孩儿要勇于担当，责任感是男子汉的第一魅力

　　男孩一天天地长大，从嗷嗷待哺的小小婴儿，到懵懂的少年，再到进入青春期，到底怎样才意味着男孩真正成熟了呢？有人说男孩到达18岁就已经成年，也有人说男孩必须成家才算真正长大，还有人说男孩永远都长不大，就像是一个无知的孩子。其实，在长到一定年纪之后，男孩是否真正长大并不取决于年龄，而是取决于男孩是否有责任心、能够担当重任。对于每一个男子汉而言，责任感是第一魅力，也是男孩真正走向成熟的标志。

责任感，是人生的根基

很多老人都会说孩子长不大，又说什么时候结婚了才算真正长大了。听到这样的话，相信很多男孩都会表示不理解："长大就是长大，与是否结婚有什么关系呢！"如果从责任感的角度对这些话进行诠释，就会知道，原来，老人说的孩子结婚才算长大，意思是在结婚有了自己的家庭之后，每个人要肩负起属于自己的责任，挑起生活的重担。为此，我们要说，责任感是人生的根基，每个男孩要想成为真正顶天立地的男子汉傲然屹立于天地之间，就一定要有责任感。

社会生活中，每个人都肩负着多重角色，一个男性既是儿子，也是女婿，既是丈夫，也是父亲，既是上司，也是下属，既是朋友，也是同事……总而言之，在世界上没有任何人的角色是单一的，每个人都要身兼数职，扮演好各种角色，才能完成相应的角色和使命。一个真正有责任感的人，即使觉得生活很艰难，生存需要付出加倍的努力和辛苦，也从不会抱怨，更不会逃避。他们认为那些责任是自己理所当然要承担起来的，他们有着强烈的责任心，是真正值得托付的人。相反，倘若一个人缺乏责任心，其趋利避害的动物性本能就会表现得很明显，对于那些对自己有利的事情，他会争先恐后地去做，生怕好事轮不到自己的头上，而对于那些对自己不利的事情，他又会避之不及，生怕因此而损害了自己的利益或者是让自己付出很多。他是不折不扣的索取者，而且本性很自私，考虑任何问

题只会从自身角度出发，是坚定不移的利己主义者。

　　男孩在小时候并不需要承担重要的责任，而随着不断成长，渐渐地离开父母身边，也学会对自己的人生负责，渐渐地，男孩肩膀上的担子就会越来越重。这种情况下，如果没有责任心，只会趋利避害，无疑是不值得信任和托付的。为此，男孩要从小就培养自己的责任心，每当犯了错误时，要主动承认错误，承担责任；每当需要对于身边的人付出时，也绝不畏缩，而是始终努力向前，坚定不移地做好该做的事情。哪怕为了承担责任要付出很多，也绝不后悔和懊丧，男孩，一定要成为有骨气和有脊梁的人。遗憾的是，随着生活水平的提高，很多父母对于孩子无限度地骄纵和宠溺，使孩子养成了只知道索取而从来不愿意付出的坏习惯。对于孩子而言，这当然是很糟糕的，因为，就算他们不为父母付出，将来也要对伴侣、孩子付出，而一个没有责任心的人，如何能够畅行人生道路呢？

　　为此，父母千万不要害怕孩子吃苦受累，而要坚持引导孩子积极主动地付出，也要给予孩子更多的机会去锻炼自己，磨炼意志力，从而使孩子在成长的道路上绝不畏缩和退却，而是始终都能坚持奋进，有的放矢地成长和进步。对于孩子而言，也不要一味地接受父母的照顾，在能力达到一定的阶段后，要更加有主见，坚持独立去做好很多事情，这样能够让自己得到历练和成长，也能够让自己更加坚定不移、勇往直前。

　　人生在世，如果什么事情都不曾尝试去做，只把宝贵的时间和精力浪费在毫无意义的琐事上，就会导致人生止步不前。所谓不经历无以成经验，就是告诉我们很多事情必须亲身经历，才会有所感悟，才会透彻领悟。微软帝国的缔造者比尔·盖茨曾说，一个人必须有责任心，才能称得上伟大。我们虽然都是普通的小人物，但是，只要我们以责任心支撑起人生的脊梁，就可以瞬间变得伟大。一个国家需要有责任心的民族栋梁，这样才能始终傲然屹立于世界之林；一个家庭需要有责任心的成员支撑起一片天地，给家庭成员更加安稳的生活。

有些男孩误以为只有在遇到惊天动地的大事情时才能体现责任。其实不然。责任体现在日常生活中每一件微小的事情上，也体现在生活中的点点滴滴上。有责任心的人也并非只是对别人负责，也要学会对自己负责，对家庭负责，对学业负责，对成长负责。总而言之，责任渗透在生活之中，每个人都要承担起责任，才能真正做到独立生存。当然，男孩正处于成长过程中，对于责任的理解未必那么深刻，也因为能力有限，不一定能把责任全都肩负起来。在这种情况下，可以求助于他人，例如，询问爸爸妈妈什么是责任，加深对于责任的理解；在犯了错误无法承担责任的时候，也可以向爸爸妈妈求助，获得爸爸妈妈的支援和帮助。总而言之，只有肩负起责任，男孩才能真正成长。

只为成功找方法，不为失败找借口

每个人都会犯错误，这一点毋庸置疑。尤其是男孩正处于快速成长的关键时期，犯错误更是经常发生的事情，也很正常，无可厚非。犯错误本身并不可怕，因为错误恰恰可以暴露问题，让我们知道哪些地方做得好，哪些地方做得不好，从而及时改进，更好地处理问题。那么，可怕的是什么呢？可怕的是，很多男孩在犯了错误之后，总是企图推卸责任，逃避后果，为此以千奇百怪的借口为自己辩解，总而言之只有一个目的，那就是证明错误和自己没关系，后果也不应该由自己承担。一次两次，也许可以把自己从严重的错误中摘出来，避免承担责任，但是，日久天长，如果每

次犯错或者遭遇失败都以这样的态度去面对，则渐渐地就会被人识破，最终失去他人的信任，变成孤家寡人，不再有与人合作的机会。

俗话说，只为成功找方法，不为失败找借口，对于错误也是同样的道理。错误一旦发生，就很难将其抹除，为此，我们要做的就是尽量改正和弥补，而不能一味地逃避，根本不想承担责任。人生绝不能通过逃避和畏缩的方式来度过，古往今来，那些真正有所成就的人，无一不是勇敢坚定、可以承担起人生重任的人。的确，比起承担责任，找借口是非常简单的事情，但是我们不能因为找借口很容易就总是这么去做，哪怕一次也不行。人是有劣根性的，那就是趋利避害，若第一次通过嘴巴胡乱说一说就能免于承担责任，那么，心灵的记忆会让我们在下次遇到同样的情况时依然以最少的成本去解决问题。所以，不要轻易放纵自己，不管做出了什么事情，承受了怎样的失败，我们都要鼓励自己变得更加勇敢，坚定不移地做到最好，只有习惯于从失败中汲取经验，只有能够踩着错误的阶梯不断地努力向上，男孩才能切实得到成长和进步。

在美国，西点军校大名鼎鼎，因为从西点军校毕业了很多优秀的人才，他们或者在军队里任职，或者在政治上崭露头角，也有一些人成了科学家、教育家、企业家等。不管在哪个行业工作，西点军校的毕业生都是响当当的，都是行业里首屈一指的人物。

在西点军校，有着严明的纪律，所有在西点军校学习和生活过的人，都有着顽强不屈的毅力和坚韧不拔的决心，不管遇到怎样的艰难困境，他们都绝对不会放弃，更不会为自己寻找借口。据说，在西军校里，士兵只能用四种方式回答长官的提问，即"报告长官，是！""报告长官，不是！""报告长官，没有任何借口！""报告长官，不知道！"除了这四种回答方式之外，士兵们不许多说一个字，更不能进行任何解释，不管解释是否合理，西点军校就是这样一个只看结果的地方。举个简单的例子，长官问士兵："你保持军容整洁了吗？"就算这个士兵从宿舍里出来的时候衣着非常干净清洁，刚刚才被一位战友不小心弄上水渍，此时他也不能解释，而只能回答："报告长官，不是！"至于长官怎么惩罚他，则是长官的事情。在这样严厉的管理之下，还有哪一个士兵会纠结于事情的结果是如何导致的呢？他们只会全力以赴，以求达到长官的要求。

乍听起来，西点军校的规定似乎有些不近情理，而实际上，正是在这么严苛的规定下，士兵们才能避免找借口，从而在做出任何举动之后都第一时间为结果负责。也正是这样的制度，才能培养出士兵的责任心，让士兵绝不为自己辩解。没有借口，才能百分之百负责。生活中，每一件事情的发生都是有原因的，而每一种结果的出现也都是有原因的，如果总是与五花八门的原因纠缠，则无论如何也不可能走到整齐划一，所以索性就不询问原因，而以结果作为唯一的判断标准。

作为真正的男子汉，男孩在犯了任何错误或者遭遇任何失败的时候，都要第一时间承认错误、承担责任，而不要总是为自己辩解、推卸责任。这需要勇气，而真正的男子汉是有勇气的。看起来，承担责任和过错会让我们付出一定的代价，但是，在此过程中，我们给他人留下的良好印象，则是千金也换不来的。作为男孩，我们更要有长远的目光，切勿鼠目寸光，总是盯着眼前的那点儿利益看。实际上，错误是宝贵的经验，如果能够做到正面面对错误，积极地从错误中总结经验和教训，我们就可以把错误作为阶梯，踩着错误不断地努力上进。真正糟糕的是，犯了错误的第一时间只想隐瞒和掩饰，而完全忽略了进行自我反省，积极主动地改正错误，那么这样的错误就犯得毫无价值，也没有任何意义。俗话说，久病成医，其实男孩更重要的是在不断犯错的过程中总结经验和教训，让自己避

开犯过的错误，也从错误中获得成长，这样一来，正确率就会大大提升。记住，与其为了推卸责任、掩盖错误而浪费宝贵的时间和精力，不如坦然面对错误，积极改正错误，尽力弥补错误。相信明智的男孩一定会作出正确的选择，也会激励和督促自己不断成长。

勇敢承认错误，承受损失

细心的父母会发现，男孩有的时候会撒谎。其实，男孩撒谎的目的相对单纯，大多数情况下，他们之所以撒谎，是为了逃避责任，避免承担损失，也可以说是保护自己的本能在发生作用。比起有些谎言给他人带来的伤害，男孩的谎言更多的是为了让自己免于承受责罚。古人云，人非圣贤，孰能无过。别说是孩子，就算是成人也经常会犯错误，所以，一味地逃避错误，什么时候才能结束呢？与其每次都为了逃避错误而说谎，提心吊胆，不如积极地承认错误，主动承担责任，这样一来，反而能够给人留下好印象，至少会被认为是个顶天立地的男子汉。

错误一旦发生，后果总要有人承担。即使男孩侥幸逃避了责任，责任也会落在另外一个人身上。实际上，人生之中没有任何过程是白白经历的，只要有心，善于反省，总能从各种经历中总结经验和教训，从而让自己获得成长和进步。因此，以怎样的态度面对过错很重要，实际上，对待错误的态度会对人的一生都起到很大的影响和作用。若一个人总是逃避错误和责任，他就不会获得进步。反之，若一个人总是能从错误中反思和总结，有效地提升自己的水平，并减少犯错误的次数，他就能踩着错误的台阶不断向上，也可以在承担责任的过程中培养自己的责任心，让自己未来能够全力以赴做好该做的事情。

很多男孩一旦犯了错误就找父母埋单，然而，父母也许可以一次两次帮助我们，等到有一天我们长大了，父母老迈了，他们还能一如既往地为我们支撑起一片天吗？这个时候，父母需要作为子女的我们为他们挡风遮雨，而我们却在离开他们之后连独立生存都做不到，可想而知，这有多么失败和可怕。

俗话说，好汉做事好汉当，作为真正的男子汉，我们犯了错误就要敢于承认，有了后果就要敢于担当。这样的坚决和勇气，才是一个真正男子汉的标配。俗话说，吃一堑长一智，如果男孩每次都逃避责任，并让父母去承担后果，那么这个错误对于他们而言相当于没有犯，他们也就不可能从错误中得到成长。为此，从父母的角度而言，切勿对于孩子全权包办，在孩子力所能及的情况下，应让孩子独立肩负起责任，这样才能培养出真正有担当的孩子。

高桥敷有一段时间在秘鲁的一所大学当教授，与一对美国夫妇比邻而居。这对美国夫妇也是教授，和高桥敷是同事。他们有一个可爱的男孩，才七八岁，每天都会在草坪上踢球玩耍。有一天，高桥敷正在家里读书，突然听到一声清脆的玻璃碎裂声，他赶紧走出去查看情况，这才发现男孩把球踢到了自家的厨房窗户上。高桥敷想着大家都是同事，也认为美国夫妇很快就会来道歉，便留在家里没有出去针对这件事情进行沟通。等了一个晚上，高桥敷也没有等到登门拜访的美国夫妇，不由得感到纳闷："难道他们不知道孩子把我家的玻璃砸碎了？"次日很早，高桥敷听到敲门声，赶紧去开门。让他惊讶的是，来的不是美国夫妇，而是那个七八岁的男孩。男孩诚恳地对高桥敷说："先生，很抱歉，昨天我砸碎了您家的玻璃，因为太晚了没有及时赔偿。今天一大早，我就去玻璃店买了玻璃，这

位工人会给您安装上的。"高桥敷定睛一看，男孩身后还跟着一个工人。

看到男孩把事情处理得这么好，高桥敷很欣赏他，还送给男孩一口袋糖果。然而，男孩回到家里没多久就折返回来，对高桥敷说："对不起，先生，爸爸妈妈不允许我收下您的糖果。他们说我犯了错误，不应该得到礼物。"高桥敷忍不住问男孩："买玻璃的钱，是爸爸妈妈给你的吗？"男孩摇摇头，说："我所有的零花钱也不够买这块玻璃，所以我向爸爸妈妈借了一部分钱，他们会每个月从我的零花钱里扣除。"高桥敷忍不住在心中啧啧赞叹，觉得这对美国夫妇在教育孩子方面很有办法。他收回了糖果，对男孩表示可以做朋友，男孩很高兴地答应了。

在中国的大多数家庭里，不管孩子是在学校里还是在社会上犯了错误、给别人造成了损失，父母总是第一时间就冲锋在前，甚至不需要孩子开口求助，就大包大揽出钱出力为孩子解决一切问题。而在这个美国家庭里，父母只愿意借钱给孩子赔偿邻居的玻璃，而不愿意代替孩子承担责任。相信在切身体会到打碎邻居玻璃带来的麻烦后，孩子以后踢球一定会很小心。反之，如果父母不由分说就为孩子解决难题，那么孩子再次踢球的时候就会把这件事情完全抛之脑后，依然疯狂玩乐，而根本不会在乎邻居的玻璃。

每一个男孩都需要这样为自己的错误埋单的经历，这样才能渐渐地培养责任心，让自己学会承担责任。父母千万不要为孩子提供无限度后援，否则就会使孩子任性妄为，丝毫没有自控力，也不知道自己的很多行为将会引起多大的麻烦。每个孩子的成长都处于不断犯错的过程中，知错能改，善莫大焉。男孩要端正对待错误的态度，也要积极地承认和改正错误，更要为自己的错误埋单，这样才能渐渐地减少犯错，让自己更加走向成熟。

真诚地道歉是必需的

当你犯了错误后，第一反应是什么呢？是真诚地承认错误，向受到伤害或者承受损失的那一方道歉，还是对于自己的错误不以为然，当即就在脑海中思考如何说才能减轻自己的责任，避免承担后果，也免于被责骂呢？当你巧舌如簧地向着对方解释时，却不知道对方已经怒火中烧，也已经恨不得狠狠地与你吵一架，质问你为何明明犯了错误却还装出有道理的样子。一开口就为自己辩解，这样的做法的确是很不明智的。因为受到伤害或者承受损失的那一方未必真的要求你进行赔偿，但是他们绝对不想听到你的辩解。如果你能够真诚地向对方道歉，承认自己的错误，也表示自己愿意承担一切后果，相信这会马上让对方心中的怒火减弱，也可以让你有更多的机会和时间与对方协商后续一系列赔偿等问题。

明智的男孩不管犯了什么错误，都不会第一时间为自己辩解，因为这么做除了让对方更生气且无法原谅之外，没有任何好处和作用。他们会及时道歉，哪怕全部的责任并不都在自己身上，他们也会诚恳地道歉，请求对方的原谅，因为他们知道这是"灭火"的好方式之一。有些男孩因为不想承担责任，往往死鸭子嘴硬，明知道自己错在哪里，就是不愿意承认。其实，诚挚的道歉有着神奇的魔力，而负隅顽抗的辩解则只会火上浇油。也有的男孩碍于面子，不愿意承认自己的错误，最终令小小的错误不断地酝酿，使其成为无法挽回的错误。随着时间的流逝，人际相处中的各种矛盾并不会烟消云散，反而会愈演愈烈。与其等到事情发生之后更不好意思说出道歉的话，不如在事情发生的当时就当机立断真诚道歉，这样反而能够消除对方的怒气，并挽回一部分恶劣的结果。

也许有些父母会说，男孩都很爱面子，自尊心很强。的确，在日常生

活中，男孩自尊心强，爱面子，这都无可厚非，但是自尊自重绝不表现在犯错之后的拒不承认上。真正强大的人未必有无人能敌的力气，也未必有多么强壮的身躯，但是他们一定有着强大的内心。所谓强大的内心不是不屈服，也不是拒绝承认错误，而是能够在犯错之后积极地承认，也能够在犯错之后承担起该负的责任。不要以爱面子、有尊严为借口，让自己拒绝面对错误，也逃避承担责任，大丈夫能屈能伸，是因为他们有一颗真正坚强的心。

在犯错误之后，虽然要及时道歉，但是，如果正在气头上，就不要冲动地去向对方道歉或者解释，否则不太平和的语气会使对方产生误解，觉得你是带着情绪来兴师问罪的，也会导致道歉的效果大大降低和减弱。为此，最好给自己一些时间，让自己恢复平静，这样再去道歉才能言辞恳切，态度诚恳，从而收到最好的效果。有的时候，道歉只需要说几个字，诸如"对不起""很抱歉"，但是，恰恰是这寥寥数语，往往能够收到最好的效果。同时，一定要配合上诚恳的态度，这样才能表明自己的态度，与他人处理好关系。

乐乐的家离学校比较远，他每天早晨都要早早起床，搭乘爸爸的车赶往学校。爸爸9点钟上班，原本8点出门即可，现在，为了乐乐要提前一个半小时出门，才能保证准时送乐乐到达学校。有一天，因为下了小雪，虽然爸爸已经尽量提前出门，但还是遭遇了堵车，因为路上有好几起车辆剐蹭事件。紧赶慢赶，但总要保障安全第一，最终，乐乐还是迟到了。等到乐乐到达教室的时候，早自习已经开始了10分钟。老师问乐乐："怎么迟到了？"乐乐说："今天路上堵车了，有车子发生了剐蹭。"老师态度丝毫没有缓和，说："住得远，就要把路上这些突发情况计算在内，早一些出门。"乐乐低下头不说话，老师让乐乐站了一会儿，才让乐乐进入教室。

　　下午放学，乐乐和爸爸妈妈说起这件事情，妈妈告诉乐乐："以后再遇到迟到的情况，一定要第一时间就向老师道歉，先不要急着解释。向老师承认错误之后，老师才会感受到你的诚意，才会尽快原谅你。"乐乐觉得妈妈说得很有道理，后来，每当犯了小错误，他总是诚恳地向老师承认错误，积极地向老师道歉。果然，老师很快原谅乐乐，也愿意给予乐乐机会解释和改正错误。

　　在犯了错误之后，男孩一定要第一时间向他人道歉，这样才能对他人表明自己的态度，并赢得他人的理解和信任。如果总是第一时间就向他人辩解，则只会给他人留下推卸责任、不想承认错误的恶劣印象。先以诚恳的道歉赢得他人的体谅，获得他人的宽容，接下来再找机会向他人解释，这是最明智的做法，也会得到良好的效果。

　　当然，在道歉的同时，除了说"对不起""很抱歉"之类的话之外，还要承认自己的不当言行给他人带来了深刻的伤害，从而让对方更加感受到我们的诚意，而且要表示愿意承担一切的责任和后果，从而为对方解除遭受损失的后顾之忧。总而言之，当因为我们自身的错误给他人带来严重的伤害时，我们一定要真诚道歉，尽量弥补他人的损失，积极地承担起自己的责任。这样才能够从语言和行为上双管齐下，让对方尽量宽容和谅解我们，继续与我们保持良好的关系。

人人都要遵守社会公德

　　中国有着五千年的悠久历史和文化，素来以礼仪之邦著称，但是，随

着时代的发展，很多国人的素质跟不上时代的脚步，在公共场所里常常会做出很多不当的举动，导致很多国外的旅游景点都专门以中文提醒游客要注意保持干净卫生，讲究公德。所谓社会公德，就是在社会交往和公开的场所里，每个人都应该遵守的行为准则。公德不但是整个社会的标杆，也是一个人最应该坚持的做人底线和原则，还是每个人都应该承担的社会责任和肩负起的社会义务。一个社会要想有更好的发展，就要求每个人都讲究社会公德，与社会成员团结协作，令整个社会维持运转良好。在家里，家庭成员是否遵守公德关系到家庭的和睦与团结；在社会中，每个社会成员是否遵守社会公德关系到社会的安定与发展；而一旦走出国门、走向世界，每个人是否遵守社会公德则代表着国家的尊严和形象。为此，男孩一定要从小就养成遵守社会公德的好习惯，切勿对于公德视若无睹。尤其是在家里，虽然是私密的空间，只有几个家庭成员，也不要就因此放松了对自己的要求。古人云，一屋不扫何以扫天下，同样的道理，如果男孩在家里都做不好，那么，走向社会，走出国门，又怎么可能做得到位呢？任何好的行为习惯都需要长时间去养成，更要从意识和观念上先校正，才能在精神的指导下做得更好。否则，一旦养成恶劣的行为习惯，想要改掉就会很难。

也许有些男孩会说：“我从未去过国外，从未给国家丢脸。”其实，遵守社会公德不仅局限于走出国门的时候，即使在国内四处旅游，同样也要讲究公德。在很多知名的景点，总有些人在景区内乱写乱刻，如写上“某某到此一游”等字样，破坏了景区的整体美感。试想，如果每个人在景点都如此表现，那么景点还能看吗？还有美感可言吗？大到世界，小到家庭或者班级，都属于公共场所，都应该讲究公德。只有每个人都努力做到最好，整个社会才会发展得更加和谐美好。此外，还需要注意的是，即使在没有人的地方，也不要放松对于自己的要求，毕竟社会的良好秩序需要靠着我们每个人去维护，我们不能肆意妄为，使自身的行为不断沦陷，也让整个社会乌烟瘴气，没有更好的秩序和形象。前段时间，传出西藏的雪山即将封山的消息，这个消息的真实性有待考证，但是，这也从侧面告诉我们，不要让人类所到之处都被污染和亵渎。我们都在和谐的、平衡的自然环境中生活，不但要维持社会秩序，遵守社会公德，更要爱惜自然环境，而不要总是对自然环境肆意破坏。否则，家园一旦丧失，就会带来人类的毁灭。

周末，妈妈带着甜甜去学习舞蹈。因为出门有些晚，所以妈妈走路的速度很快，甜甜必须一路小跑才能跟得上妈妈的速度。在过红绿灯路口的时候，妈妈环顾各个路口都没有车辆行驶，便拉着甜甜闯红灯，想要快速通过。这个时候，甜甜对妈妈说："妈妈，不能闯红灯。"与此同时，甜甜还坠着小屁股，不愿意往前走。妈妈说："甜甜，再不抓紧时间过马路就要迟到了。"甜甜义正词严："迟到也不能闯红灯，闯红灯是不对的。"看到甜甜态度这么坚决，妈妈不好意思再强迫甜甜闯红灯，为此只好说："好吧，听你的，甜甜做得很对。"得到妈妈的夸赞，甜甜高兴极了，说："妈妈，老师说了，不能闯红灯。红灯停，绿灯行。"妈妈对甜甜竖起大拇指。

很多父母在看到孩子执拗地遵守秩序时，往往会感到无奈，这是因为，在父母心中，很多秩序都是可以被打破和协商的。实际上，规则就是规则，要求每个人非特殊情况都要遵守，而对于特殊情况的界定也必须提高标准，否则就会导致人人都说自己有特殊情况。在现实生活中，虽然是父母常常对孩子解释规则，告诉孩子要遵守规则，而很多时候，却是孩子成为父母遵守规则的榜样。

近些年，很多人都因为无视规则和公德而做出不该做的事情。例如，在野生动物园下车失去性命；在去动物园的时候，为了逃避购买门票翻墙而入，结果掉入老虎的笼子；在高铁上抢占座位而发生争吵或者打架等恶劣行为。这些行为给整个社会风气带来不好的影响，也使社会风气变得非常糟糕，同时给孩子带来很多负面影响。每个人都要遵守社会公德，遵守公共秩序，孩子也应如此。不要觉得自己还小，就不受到社会公德的约束，正是因为还小，所以正是养成良好行为习惯的好时机。如果等到一切行为都已经定型，也形成了糟糕的坏习惯，再想改变就会很难。为此，我们一定要做遵纪守法的好公民，为维持社会的良好秩序而付出自己的一份力量。

参与公益事业，为社会作出贡献

很多人对于公益事业存在误解，总觉得只有像比尔·盖茨、巴菲特那样的世界富豪才能为全人类作出贡献，才能为推动社会发展出力。实际上，公益事业并非遥不可及，它距离我们的生活很近。每个人虽然普通，但只要愿意，都可以为公益事业贡献自己的一分力量。

公益事业有大有小，但是热衷于公益事业的心是一样的。所以，哪怕我们很普通，也不要妄自菲薄，只要竭尽所能为公益事业贡献力量，我们就是值得赞许的，也是值得让人尊重的。男孩也要从小就怀有博爱之心，积极地投身于社会公益事业和慈善事业，这样才能在成长的道路上更快速地成长，感受到爱与被爱的幸福。爱，就像是一个接力火炬，会在人与人之间传承。记得一首歌里唱道，只要人人都充满爱，世界将会变成美好的人间……的确，爱也会遵循能量守恒的定理，我们付出的爱会在整个人类之间传播，令我们生活的环境变得更加美好，而人间有大爱的社会一定会让我们更加感动。

举个最简单的例子，一个大富豪捐献出一个亿的财产，一个贫穷的乞丐捐献出自己好不容易才积攒的10元钱，他们的博爱之心是一样的，并没有区分。甚至可以说，对于这个乞丐而言，他捐献出了自己的所有，比起有10个亿而付出一个亿的富豪，他的爱心更加让人敬佩。为此，要想做好公益事业，最重要的是要竭尽所能地付出自己的爱心，而不是因为自己能够付出的很少就更加保留，或者不好意思付出。从国家和社会的角度而言，有更多的人投入于公益事业，更能够表现出整个国家和民族的文明进步程度，也意味着国家凝聚力很强，表明国家是非常繁荣昌盛的。男孩要从小就有公益心，热情投身于慈善事业。当还小的时候，男孩的力量有限，可以做一些力所能及的事情，例如，为灾区的小朋友捐献出衣服、图书，去养老院陪伴老人，给身边的同学更多的帮助等。这样做力所能及的事情，渐渐地，男孩就会更加乐于助人，也愿意与身边的人共同成长，一起进步。勿以善小而不为，男孩只有从点点滴滴的小事情开始做起，才能在成长的道路上全力以赴做到更好，才能渐渐地形成博爱之心，让人生更加开阔，真正做到心怀大爱。

作为世界上首屈一指的大富豪，巴菲特并没有把金钱看得很重，而是积极地投身于慈善事业，致力于为全人类造福。2006年，巴菲特正式签署捐款意向书，决定把自己85%的个人股陆续捐赠给慈善基金会。仅仅按照捐赠当天的股份市值来计算，巴菲特捐赠的股份价值就已达到375亿美元。巴菲特的巨额捐赠前无古人，是慈善事业历史上最大额的一笔捐款。巴菲特不仅捐献了85%的股份，还留下遗嘱，要把99%的遗产捐献出来，用于帮助

世界上那些贫困的人。从这些巨额捐款可以看出，巴菲特的爱很大，大到他始终牵挂着世界上每个角落的贫穷人，也总是梦想着能够通过自己的善举给他人带来更多的帮助。

男孩们，我们虽然没有巴菲特那么有钱，也无法以雄厚的财力帮助世界上那些贫穷、生活穷困潦倒的人，但是我们还是有力量的。尽管力量微小，但也能给身边需要帮助的人带来光和热，带来温暖。就像一根蜡烛，尽管没有太阳那样强烈刺眼的光和热，却能照亮整间屋子。为此，我们一定不要吝啬力气，而要更加全力以赴做好力所能及的事情，也把参与公益和慈善事业进行到底。

在参加公益事业之后，我们还要总结和反思，不要一旦活动结束就马上恢复原有的生活模式。例如，我们参加了低碳出行的公益事业，那么，当自己一个人外出的时候，就要坚持搭乘公共交通工具，真正做到节能减排。另外，要减少吃外卖的次数，经常自己带饭，不但可以吃得健康，还可以避免使用一次性餐具。总而言之，公益事业渗透在生活的点点滴滴之中，只要用心，我们就可以每时每刻都坚持公益事业，并坚持帮助他人。节约用水用电，把公益事融入生活的点点滴滴之中，这些小事情只要坚持去做，就是非常有益的，也能起到积极的作用。

第 7 章

尝试弥补自己的短板，养成受益终身的好习惯

坏习惯贻害无穷，好习惯受益终身。当然，好习惯的养成需要很长的时间坚持努力；而坏习惯的形成则很快，但是，要想戒掉坏习惯可不容易。为此，男孩要做好心理准备，竭尽所能地养成好习惯，也要提醒自己避免养成坏习惯。让好习惯助力成长，成长会事半功倍，也因为良好的习惯会持续发生作用，所以还能弥补短板。

笑脸对人，才能得到他人笑脸相迎

世界上有很多国家和民族，不同的国家和民族语言不同，风俗习惯也各不相同，为此在各个国家和民族的人在相处的时候，需要学习对方的语言，并也了解对方的风俗习惯。然而，即便是在语言不通的情况下，大家也可以交流，因为全人类都有共同的语言，即笑容。微笑是没有国界的，在一切的国家和种族之间，真诚的微笑虽然没有声音，也不是正式的语言，但是都能传递友善、美好的信息，也都能打动他人，传递爱与友好。

男孩要养成笑脸对人的好习惯，只有先给他人以笑脸，才能得到他人的笑脸，只有以笑脸传递出对他人的友善，才能得到他人的友好对待。人与人之间的关系是相对的，也是互动的，任何时候，都要与他人笑脸相对，这样才能拥有好人缘，才能建立良好的人际关系，拥有丰富的人脉资源。

然而，有很多男孩都不愿意微笑，他们总是表情严肃，面色深沉，似乎这样才显得酷，才能表现出自己的高冷。还有些男孩一厢情愿地以为这样能够吸引女孩的注意，赢得女孩的好感。实际上，只靠着猎奇来吸引女孩的注意，并不是真正有个性的表现，毕竟大家都喜欢与亲切和善的人打交道，而不喜欢与表情阴郁、浑身充满了负能量的人打交道。为此，男孩不要当冷面人，而要常常绽放出笑容，这样才能富有亲和力，才能吸引更多的人对他们产生好感，乐于与他们相处。尤其是在面对陌生人的时候，

如果能够面带微笑，则可以在很短的时间内以笑容融化冰雪，并瞬间拉近与他人之间的距离。人是感情动物，每个人都追求感情和谐融洽，为此，人与人相处既要讲究缘分，也要讲究方式方法，讲究相处的艺术，这样才能拥有好人缘，才能拥有丰富的人脉资源，养成良好的人际交往习惯。

在很小的时候，希尔顿就有开办酒店的想法，他做梦都想拥有属于自己的连锁酒店。后来，他抓住机会，开办酒店，果然经营得很成功，资产不停地增涨。希尔顿距离自己的梦想越来越近，他感到非常高兴，然而母亲给他泼了一盆冷水："拥有现在的这些资产，并不能让你真正获得成功，要想真正把酒店做得更大，经营更好，你必须找到一种简单且高效的办法吸引顾客，这样他们才会成为回头客，成为你的忠诚客户。唯有如此，酒店才能获得发展。"

母亲的话让希尔顿陷入沉思，他不知道什么才是简单有效且能够挽留住客户的方法，为此特意去其他酒店进行视察。最终，他找到了这个办法，那就是开展微笑服务。后来，希尔顿要求酒店里的每一个从业人员——包括他自己在内——都要对光顾酒店的客户面带微笑。因为希尔顿以身作则，身先示范，哪怕面对员工也总是微笑，所以，很快酒店里就把微笑服务变成了特色，每一个员工只要来到酒店工作，就会发自内心地真诚微笑，也把微笑作为对客户最好的回报。后来，受到金融危机的影响，很多酒店都倒闭了，而希尔顿酒店却最终战胜了困难，渡过了难关，而且不断发展壮大，最终成为全世界连锁的星级酒店。

希尔顿从事的是服务行业，尤其要以笑脸对待客户。当然，我们虽然不从事服务行业，只是普通人，但是同样需要给他人留下好印象，让他人愿意亲近我们。所以，我们一定要常常微笑，尤其是在与人相处的时候，更是要对他人笑脸相迎，这样才能得到他人同样的对待，得到他人的真诚和好意作为回馈。

　　微笑虽然很简单，却绝不是牵动嘴角就能做到的。很多从事服务行业的人会表现出职业性的微笑，这样的微笑很标准，却缺乏打动人心的热情和热忱。真正的微笑如同绽放在心底的花，又表现在我们的脸上，是可以感染人的，也是可以真正感动他人的。男孩未必就要坚持高冷范，也可以成为一个人人都喜欢且愿意亲近的暖男，常常把微笑挂在脸上，这样才能与他人之间形成良好的关系，真正受人欢迎。如果现在还没有养成微笑的好习惯，男孩还可以采取各种方式督促自己多多微笑，例如，可以在房间里、书桌上摆放镜子，这样一来就可以提醒自己保持微笑。看着镜子里微笑的自己，男孩的心情也会变得更好，可谓一举两得。

注重细节，才能追求卓越

　　很多男孩都是粗线条的，他们做事情常常只关注大的方面，而忽略了细小的细节。这样一来，难免会犯粗心大意的错误，导致做事情虽然有大概的框架，却不能在细节方面追求极致和完美。这对于男孩而言，当然不是一件好事情，毕竟现代社会对于分工与合作的要求都更高，哪怕是做很小的一件事情，也要求必须尽善尽美。更为糟糕的是，男孩一旦养成粗心大意的坏习惯，就会导致做所有事情都漫不经心，即使有意识地想要改变，也无法做到。由此可见，从小养成认真细致的好习惯，对于男孩而言至关重要。男孩切勿拿粗心不当回事情，而应更加追求卓越，这样才能在人生的道路上勇往直前，不断进取。

　　人们往往误以为决定事情成败的是重要的时刻或者节点，其实，很

多时候是细节对于事情的发展起到决定性作用，并对于事情成功与否产生很大的影响力。为此，明智的男孩不但关注整体，也更关心细节，从而面面俱到，争取把事情做到最好。很多人都知道载人航天飞船对于技术的要求程度很高，而且特别讲究精密性，哪怕是一个螺丝钉都不能出现问题，否则就会酿成大祸。实际上，做人做事都要如此，虽然日常生活中的很多事情并不像建造航天飞船那么重要，但是也要拼尽全力去做好。只有习惯于认真严谨地对待每一件事情，做好每一个细节，才能真正有所成就，才能让人生绽放光彩。任何时候，都不要让被忽略的细节成为无法弥补的缺憾，只有把每一个细节都关注到，都做好，才能让整体更加趋于完美。早在古时候，伟大的思想家老子就曾经说过，天下难事，必作于易，天下大事，必作于细。由此可见，老子对于细节是非常重视的，也是很用心的。

1485年，英国国王理查三世面临巨大的危机，因为蓝凯斯特家族的亨利不服从查理三世的统治，决定要与查理三世决一死战，由胜利的那一方来统治英国。对于这场关系到生死存亡的战役，理查三世非常重视，发动所有的子民都上战场，为捍卫国家的尊严和主权而战斗。眼看着战争一触即发，双方都已经做好完全的准备迎接战争的到来，理查三世决定亲自上战场，冲锋陷阵，为将士们鼓劲加油。为此，他让马夫把他的战马装备好。马夫发现战马的马掌有破损，因而赶紧牵着战马去铁匠铺，让铁匠赶紧给战马打掌。这样国王才能骑着战马把敌人杀得落花流水，让敌人丢盔弃甲而逃。铁匠当然知道战马的重要性，不过他铺子里的所有铁片都已经给军民们打马掌用了，为此他对马夫说："你先稍等下，我来找四块马蹄铁。"然而，马夫很着急，马上就要上战场了！

铁匠很快找来四块马蹄铁，但是，在钉完三块马蹄铁之后，铁匠找不到钉子钉第四块马蹄铁。马夫不停地催促，等不及铁匠砸钉子，铁匠说：

"如果用短的钉子钉，马蹄铁很可能不够牢固。"马夫说："没关系，战争很快就会结束，如果我耽误了国王上战场，国王肯定会责怪我的。"无奈，铁匠只好用短钉子把第四块马蹄铁凑合固定好。国王骑着战马雄赳赳气昂昂地上了战场，在战争进行到关键时刻时，他扬鞭策马，朝着敌人的阵营冲过去。然而，就在此时，用短钉子钉的马蹄铁突然掉下来，战马摔在地上，把理查三世甩出去很远。理查三世此时已经冲入敌人的阵营，因此当即置身于敌人的包围之中，而其他将士看到理查三世被俘虏，立即军心涣散，溃败而逃。就这样，因为一个钉子，失去了一块马蹄铁，摔了一个国王，输掉了一场战争，灭亡了一个国家。

如果说因为一颗钉子而导致国家灭亡，这是谁都不敢相信的，但是当整件事情连贯地发生之后，事实告诉我们一颗钉子的确会导致国家灭亡。这就像是蝴蝶效应一样，即使原本看似不相干的事情之间也会有千丝万缕的联系，也会影响事情的发生发展和结果。为此，男孩做任何事情都要注重细节，把细节做好，否则，即使有再强大的能力，如果不能把小事情做得尽善尽美，也会导致功亏一篑，结果事与愿违。

俗话说，好钢用在刀刃上，同样的道理，我们也要把时间和精力都用在重要的事情上，这样才能发挥时间和精力的最大效用，把各种事情都做得非常好。做任何事情，都要注重细节，都要有认真负责的态度，且要坚持到底，有始有终。只有形成良好的做事习惯，才能让一切都水到渠成地完成，才能拥有更丰富的收获。当然，要想实现这一点，前提是必须改掉浮躁的坏习惯，能够真正静下心来，脚踏实地地把事情做好，这样才能由小及大，才能在完善细节的同时也作出伟大的事情，获得了不起的成就。

养成有规律的作息好习惯

男孩正处于学习的关键时期，为此一定要养成有规律的作息好习惯，早睡早起，而不能晚上不想睡，早晨不想起，否则必然导致上课的时候哈欠连天，学习的效率极其低下。充足的休息和良好的睡眠，对于孩子的成长是非常重要的，也会在一定程度上影响孩子学习。为此，父母不要觉得孩子早睡一会儿或者晚睡一会儿没关系，而要意识到孩子的健康成长不但需要摄入充足的营养，也需要进行良好的休息，这样才能及时恢复精力和体力，才能在学习上事半功倍。

很多父母会发现孩子早晨起床时总是爱哭，尤其是年纪小的孩子，常常哭哭啼啼的，让人感觉他们不是睡了一晚上觉，而是受了一晚上气。等到长大一些，虽然孩子已经能够控制好自己的情绪，不再哭泣，但是他们的情绪依然会产生波动，例如，在没有睡够就起床的情况下，他们常常会满腹怨言，满脸不快。要想解决起床难这个问题，其实很简单。既然孩子睡不够就会哭闹和生气，那么最好的解决方法就是让孩子晚上早一些入睡。这样一来，既保证了孩子充足的睡眠，也让孩子在睡饱了之后心情愉悦，起床自然也就会变得容易。而且，人体内是有生物钟的，如果孩子长期坚持在同样的时间睡觉和起床，那么就会形成生物钟，让孩子到点就能睡着，甚至不需要爸爸妈妈喊就可以到点主动起床。由此一来，入睡难、起床难的问题自然得到了圆满解决。

有规律的睡眠对于孩子的健康成长大有裨益。很多男孩都喜欢睡懒觉，常常睡觉到日上三竿才起床。不得不说，时间是非常宝贵的，是组成生命的材料，难道你愿意把有限的生命都浪费在多余的睡眠上吗？早晨早起一个小时，就可以多学习或工作一个小时，整个上午都会变得很充实，整整一天的效率也会大大提升。反之，如果睡到10点多太阳晒屁股了才起床，则起床之后要穿衣洗漱，还要吃饭，那么一个上午的时间很快就会过去，什么事情都做不了。这样一来，别人拥有一天的时间，我们却只有半天的时间，还是下午，效率自然没有那么高。俗话说，一年之计在于春，一日之计在于晨。要想让人生中的每一天都充实有意义，就一定要早睡早起，让新的一天早早开始，充实度过。曾国藩曾经说过，对于一个家族而言，如果后代起床的时间越来越晚，那么毫无疑问这个家族会走向衰败。看到这里，也许有些男孩会觉得耸人听闻——起床的时间和家族兴衰有什么关系呢？其实，一个人是否能够早起，往往代表着他们是否有严格的自律力，是否能够管理好自己，是否有充足的斗志，是否能够在成长的过程中不断地成长和进步。只有积极努力，乐观向上，对于人生中的每一天都有充实的安排，且有合理的规划，才能更加全力以赴地坚持向前发展，才能获得长足的进步。为此，起床早晚，是否能够坚持每天在同一时间起床，对于人生的影响是很大的，男孩千万不要小看这个问题。仅从眼前来看，早起还可以磨炼意志力、增强自控力呢！

几千年前，古人就已经习惯了日出而作，日落而息，随着现代医学的发展，很多医学专家也告诫人们不要总是违背自然规律，更不要肆无忌惮地熬夜，黑白颠倒地生活。只有符合大自然的规律，让身体能够自然地生长，才是最好的生存方式。还有医学专家提出，适时的睡眠对于孩子而言非常重要，尤其是在深夜11点到凌晨两点之间，身体的各个器官都会启动排毒工作，如果在这个时间内没有达到深度睡眠，那么就会影响身体的正常代谢。为此，孩子最迟10点钟就要上床休息，这样才能在一个小时之后到达深度睡眠状态，从而有助于身体代谢和生长。遗憾的是，尽管大家都知道熬夜不利于身体健康，但还是有很多人每当到了夜晚就很兴奋，恨

不得不眠不休地做喜欢的事情，如玩游戏、看手机、看电视等。在这个方面，如果男孩缺乏自制力，不能很好地管教自己，不妨求助于父母为自己制定作息规矩，并督促自己遵守作息计划表。

为了拥有良好的睡眠，在入睡之前，男孩要避免从事让自己兴奋的事情，例如，不要玩游戏，不要看手机，不要和兄弟姐妹嬉笑打闹，也不要让情绪过度波动，而应坚持保持情绪的平静和内心的安宁，这样才能顺利入睡，拥有好睡眠。也有些男孩对于睡眠有一定的误解，总觉得即便自己晚上睡得晚，只要早晨晚一些起床，保证睡眠的时间就可以。其实不然。睡眠的质量不仅取决于睡眠时间的长短，而且在很大程度上取决于睡眠的时段。一个人如果在夜晚的睡眠不足，那么即使到了白天双倍补上，也无法获得充足的休息，更无法保持神清气爽。为此，从晚上9点钟开始就要做好入睡前的准备，这样10点钟上床之后才能顺利入睡，才能在良好的睡眠中得到充分的休息。注意，切勿在睡觉前饮用刺激性的饮料，如浓茶、咖啡等，也不要进食，以免过多的血液集中到胃部，使得身体感到不适。

在睡眠状态下，还要选择合适的姿势，例如，采取右侧卧，保持身体自然弯曲，呈现出弓的形状。这种睡姿可以避免压迫心脏，让心脏供血充足，也可以让全身的肌肉得到放松，从而让整个人得到休息，消除疲劳。当然，这只是对于大多数人都适用的侧卧姿势，具体到每个人，则要以自身感到安逸舒适为主。俗话说，好吃不过饺子，舒服莫若躺着。由此可见，睡眠对于每个人都是难得的享受和休息时光。因此，我们要好好珍惜，让自己的全身心得到充分放松，从而在未来的一日精神抖擞，精力充沛。

只要长期坚持在固定的时间入睡、在固定的时间醒来，那么，男孩对于入睡和起床就不会那么困难，也会因为清晨醒来神清气爽而爱上上学。为了维持好不容易建立的生物钟，哪怕到了放假的日子，男孩也要主动坚持按照生物钟一如既往地准时睡觉、起床，这样才不至于打乱生物钟，导致未来开学了还要再辛苦形成生物钟。对于每个人而言，生命的时光都是非常宝贵的，所以一定要珍惜时间。珍惜时间不但体现在避免浪费时间上，也体现在合理安排作息，不要把大量宝贵的时间都用于休息，这样才能有更多的时间做有意义且重要的事情，让人生变得更加充实精彩。

干净清爽，才能拥有好人缘

很多男孩小时候在父母的精心照顾下干净清爽，一旦长大，就变得油腻起来。尤其是在进入青春期之后，男孩的身体代谢很快，为此体味浓重，头发上也有很多的头皮屑，脸上、胸口等部位还会分泌大量油脂，长出青春痘。对此，粗线条的男孩往往不以为然，觉得男人不需要像女人一样爱干净。实际上，这样的想法是错误的，每个人都要与人打交道，都要在人群中生活，如果不注重个人卫生，导致自己在成长过程中变得脏兮兮的，那么就会失去好人缘，也会在不知不觉间招人讨厌。为此明智的男孩会在个人卫生方面花费更多的时间，只为了保持干净清爽，让自己处处受人欢迎。

有些男孩误以为是否讲究卫生完全是自己的私事，与别人无关。的确，如果男孩始终生活在自己的家里，或者留在自己的房间里，从不与任何人接触，那么他们是否干净卫生只与自己有关。但是，男孩不可能只困在自己的房间，他们要与家人相处，也要走出家门，走入学校，与老师、

同学相处。随着不断的成长，男孩还需要与社会中形形色色的人打交道，为此就要注重个人卫生，保持良好的个人形象，这样才能给人留下好印象。

其实，讲究卫生除了能给他人留下好印象之外，更重要的是可以帮助我们保持干净清爽，拥有健康的体魄。一个人如果总是邋里邋遢的，不洗手就吃东西，而且衣服穿了很长的时间也不知道清洗，那么渐渐地疾病就会找上门来，给身体带来很大的伤害。众所周知，健康的身体是1，其他的都是0，每个人唯有保持身体健康，才能有美好的人生，若是整日病恹恹的，还谈何理想与志向，还有何未来可言呢？由此可见，不管是为了他人还是为了自己，男孩都要保持个人卫生。

如果是在家里生活，尚且还好，因为父母会督促男孩注重卫生情况。有些男孩从读初中就开始住校，其中的部分人在集体生活中总是会表现得更加邋遢，也因为缺乏监管和督促，而导致卫生状况越来越差。其实，越是在集体的环境中，因为人很多，环境不够清爽，作为集体的一员，男孩越是应该讲究卫生。只有每个集体成员都把个人卫生搞好，才能保证整个集体生活的卫生状况。为此，从现在开始，男孩不管是在家里生活，还是在集体中生活，都要把个人卫生作为头等大事去对待和处理。

具体而言，要做好哪些方面的事情，才能保证个人卫生状况良好呢？首先，要把自己清洁干净。人体的很多东西都在不停地生长，诸如指甲、头发等，因此，男孩要每天坚持洗头，指甲长了，还要勤于剪短指甲，这样一则是为了美观，二则也可以避免指甲藏污纳垢。此外，男孩正处于青春期，分泌很旺盛，为此还要勤于洗澡，这样才能及时清除身体分泌的油脂，避免产生难闻的气味，并保持毛孔的清洁。当然，还要刷牙、清洁耳朵，这些都属于清洁自己的范围，都不能忽视。其次，要勤于换洗衣服，减少异味。很多男孩习惯了被妈妈盯着换衣服，所以，独立生活的时候，往往不知道换洗衣服，也有可能是因为懒惰所以不愿意亲手洗衣服。殊不知，男孩很容易流汗，而汗液本身没有味道，但一旦清洁不及时，就会产生难闻的馊味。所以男孩要及时换洗衣服，尤其是在上完体育课之后，更是要把被汗水浸透的衣服换下来，清洗干净，及时晾晒。最后，男孩要保持居住环境的干净清爽。很多男孩都只能勉强维持个人卫生，而对于整体的居住环境缺乏关注。实际上，如果大环境就是脏乱差的，男孩很难洁身自好，保持好个人卫生。为此，在家里生活，男孩要经常打开窗户通风，保持自己的房间里一切都干净清爽。如果是在集体中生活，那么男孩可以倡导伙伴们轮流值日搞好卫生，从而让宿舍里干净清爽，没有异味。其实，同住一个宿舍的男孩完全可以相互监督，因为每一个人的卫生状况都不仅影响自己，也会影响他人。

最近，妈妈发现乐乐的头皮屑特别多，头上就像落满了雪花一样。虽然每天晚上都督促乐乐洗头，但是情况并没有好转。为此，妈妈决定派爸爸在乐乐洗澡的时候观察乐乐到底是怎么洗头的。结果，爸爸发现乐乐洗头只是用洗发水揉搓头皮，如同蜻蜓点水，根本没有用手指肚清洁头皮。此外，用完洗发水之后，乐乐冲洗的时候也很不认真，虽然把头皮上的污垢都浸泡下来了，但是并没有清洁干净，为此等到头发和头皮干了之后，这些分泌物就会干裂起皮，就变成了头皮屑。

得知事情的原委后，妈妈告诉乐乐正确的洗头方法，并让乐乐用正确的方法洗头。经过一段时间之后，乐乐头皮屑泛滥的情况果然得以好转，整个人看起来也干净清爽了很多。

男孩原本就处于代谢旺盛的时期，因而很容易有异味，或者显得脏兮兮的。为此，男孩要注重个人卫生，勤于把自己清洁干净，这样，男孩才

能以干净清爽的形象出现。若总是对于个人卫生漫不经心，也总是对于很多事情都不愿意去做，则只会让自己的形象变得邋遢，招人讨厌。

当然，凡事皆有度，过度犹不及。对于男孩而言，固然要讲究卫生，却也要把握合适的度，而不要弄得自己就像有洁癖一样，过度讲究卫生，这里不敢碰，那里不敢摸，吃的玩的都要消毒，才能吃才能用。不得不说，没有任何人能够活在真空状态中，过于干净整洁的真空环境也是不利于生存的。只有适度讲究卫生，才能有节制地爱干净，避免演变成洁癖。需要注意的是，不管是在家里，还是在教室里，或者是在寝室里，通风都是非常重要的，每天都要坚持开窗户通风，最好早晚两次，这样不但有利于保持干净卫生，而且可以防止在人流密集的地方传染病传播。总而言之，男孩也要讲卫生，保持个人干净，这样才能让自己更加受人欢迎，才能让自己清爽美好，拥有好身体和好心情！

多与人交往，不迷恋电子产品

近些年来，随着电子产品的普及，越来越多的男孩沉迷于电子产品，或者玩网络游戏，或者盯着手机看，或者在电子产品上看小说等。这些行为对于男孩的成长和心理健康都是很不利的，若男孩长期迷恋电子产品，甚至有可能出现社交障碍，变得越来越不愿意与人交往，更无法打开心扉与他人进行顺畅的沟通和交流。不得不说，电子产品的确给人的生活带来了很大的便利，但是这并不意味着电子产品可以取代人，也不意味着人可以只依靠电子产品生存，而渐渐地远离人群，离群索居。

人是群居动物，每个人都需要在人群中生活。尤其是在如今的时代里，人与人之间的分工合作越来越密切，一个人即使能力再强，也不可能做到自给自足。既然如此，与人打交道的能力显得至关重要，人脉资源也已经成为现代人最重要的资源，对于人的成长、发展起到很重要的作用。要想避免对电子产品过度迷恋，男孩就要学会与人交往，这样可以在人际相处的过程中不断提升自身的能力，让自己变得更加乐观开朗。同龄人是孩子成长的最佳伙伴，父母即使再爱孩子，也无法替代同龄人在孩子成长过程中的作用。然而，如今很多家庭里都只有一个孩子，为此父母就要创造机会让孩子与同龄人相处和交往，也要引导孩子学会正确的相处方式。

毋庸置疑，每个孩子都很爱玩，因为玩是孩子的天性。想想几十年前，不管是在城市里还是在农村里，孩子们都会成群结队地玩耍，而如今太多的孩子被关在钢筋水泥铸就的家里，面对着毫无生机的墙壁和冷冰冰的电子产品，渐渐地，他们就把心也关上了。无奈之下，孩子只能通过电脑、手机等电子产品找些乐子，而父母也因为没有更多的时间照顾孩子，很愿意让孩子一个人安静地与电子产品玩耍。殊不知，日久天长，孩子的感情会变得越来越冷漠，孩子的人际相处能力也根本得不到发展。不得不说，网络是一把双刃剑，在给人带来各种便利的同时，也给人带来了深刻的伤害，使人与人之间的关系变得疏远，也使得整个社会的温度渐渐地下降。

很多男孩都有游戏瘾，甚至有些男孩游戏瘾很严重，到了失去理智不能自控的程度。面对为了玩游戏而歇斯底里吵闹的男孩，面对男孩无法控制的游戏瘾，父母会感到非常焦虑，而男孩自己也会因正常的学习和生活秩序被游戏瘾打乱而懊恼。为此，一定要未雨绸缪，把事情预防在先，这样才能最大限度地避免糟糕的情况出现。退一步而言，如果男孩已经染上网瘾，也不要焦虑，而是要积极地想办法控制住网瘾，解决问题。例如，

当发现自己总是想打开电脑玩游戏的时候，不妨和同学、朋友约好一起去爬山。电子游戏再好玩，也没有活生生的人更有意思，只要想方设法设计很多有趣的游戏，则男孩一定会喜欢上和小伙伴在一起的快乐时光。此外，还可以借助于外部力量来约束自己，例如，把家里的电脑收起来，让爸爸妈妈负责看管，把智能手机换成最简单的老人机或者是学生机，这样的手机不能上网，即使男孩想要用手机玩游戏也根本做不到。再如，还可以让父母监督自己，在学校里，也可以寻求同学的监督。只要面面俱到，采取各种方式寻求最好的效果，就能渐渐地控制好自己的行为举止，就能在成长过程中有更好的表现。

除了电脑、手机之外，还有很多男孩有电视瘾。相比起电脑和手机让父母绷紧了弦，很多父母误以为电视对于孩子的伤害没有那么强，为此不会刻意限制孩子看电视，而是在孩子完成作业之后任由孩子看电视。不得不说，若孩子惦记着看一集又一集的电视节目，则渐渐地，他们就会加快写作业的速度，甚至对于完成作业抱有敷衍了事的态度，最终导致无法很好地完成作业，而且三心二意、粗心马虎，以致作业错误频出。

其实，不管是网络还是电视、手机，只要运用得当，还是可以帮助孩子们开阔眼界、获得成长的。例如，孩子可以看一些科普类的节目，学习新知识，也可以在网络上查找一些和学习有关的资料，还可以利用手机和父母联系，从而在独立上学和放学的路上让父母放心、不至于过分担忧。但是，男孩的自控能力毕竟还不够强大，眼看着好玩的东西就在自己的口袋里，他们怎么会不玩呢？为此，父母不要过分信任孩子，对孩子采取放任的态度，而应在给孩子适度自主空间的同时也给予孩子适度的管理和约束，这样才能双管齐下、管理好孩子。从男孩的角度而言，得到父母的信任是很了不起的事情，所以，一定要管理好自己，不要辜负父母的信任。

否则，一旦信任的大厦崩塌，再想重建信任很难，父母也会因为怀疑孩子而减少给予孩子的权利，缩小给予孩子的空间，这样当然会让自由惯了的孩子感到很不痛快。男孩，只有主动管理好自己，才能形成良好的行为习惯，才能赢得父母信任，把很多事情都做得更好。

第 8 章

头脑是宝贵的资产，男孩要最大限度提升思维能力

对于每一个人而言，大脑都是身体上最重要的器官，也是各种中枢所在，对于每个人的成长和发展起到至关重要的作用。为了让自己获得更好的成长，获得快速的发展和巨大的进步，男孩要激发思维力，让自己富有创新意识和精神，这样才能始终都坚持进取，勇敢创新，才能有创意地解决各种难题，让人生更加精彩与开阔。

打破思维的铜墙铁壁

在心理学上，有一个名词叫思维定式。所谓思维定式，也就是我们日常生活中所说的惯性思维，也就是说思维已经形成了习惯，在遇到相似或者相同的问题时，总是会以之前采用的方式展开思考，为此不会得到新的结论，更不会有让人惊喜的发展。形成思维定式，有助于我们解决很多相差无几的问题，无须再在问题发生的时候花费大量的时间和精力去思考，但是凡事有利就有弊，强大的思维定式在帮助我们解决问题的同时，也会给我们带来很多的限制和禁锢，例如，当问题发生变化的时候，我们却因为墨守成规，不知道创新和变通，导致被思维局限住，找不到出路。实际上，有的时候只需要转变思维，换一种方式解决问题，如逆向思维、发散思维等，都可以帮助我们打破思维的铜墙铁壁，获得更加开阔的思维和多样式的思考方法。

惯性的力量是很可怕的，为此人们才说好的习惯能够成就人生，而不好的习惯则会让人生陷入死胡同之中无法自拔。平日里，我们无法意识到习惯的强大作用，是因为我们会在习惯的驱使下无意识地做出很多行为举动。例如，我们每天按时上学、完成作业，按时吃饭、睡觉，也会因为习惯了和好朋友结伴走过一段回家的路，而在放学时耐心等待好朋友。这些都是惯性使然，都离不开习惯的驱使。这些良好的行为习惯让我们在生活中秩序井然，然而，凡事都有两面性，惯性既有好的一面，也有坏的一

面。当需要突破原有的思维禁锢解决问题的时候，我们就需要摆脱惯性，从而让自己的思路得到开拓创新，也可以以从未使用过的办法解决各种问题。为此，我们要有意识地培养自己良好的行为习惯，也要积极主动地打破思维的铜墙铁壁，从而让自己发挥创新能力，在各个方面都做得更好。

当年，拿破仑战败，被囚禁在圣赫勒拿岛上。为了营救拿破仑，有个好朋友想方设法，托人给拿破仑带去一副象棋。这副象棋很别致，是用软玉和象牙制作而成的，为此拿破仑爱不释手，常常会在孤独寂寞的时刻下象棋，打发无聊的时光。但是，他只是知道象棋是可以用来消遣的，从未想过朋友费尽周折送给他这副象棋其实另有深意。拿破仑日复一日地下象棋，在生命即将结束的时候，象棋已被抚摸得非常光滑，用古玩爱好者的话来说，都已经包浆了。

拿破仑去世之后，这副象棋作为他的遗物被很多人关注，也曾经被很多人拥有。某个拥有这副象棋的人有一天在把玩象棋的时候，发现有一枚棋子并不是完整的整体，底部是可以打开的。他万分震惊，赶紧想办法打开象棋，果然从中空的棋子里拿出了一张图，而这张图正是当年拿破仑的朋友煞费苦心地为拿破仑制订的逃跑路线。这个消息一经传出，很多人都感慨不已，如果当年拿破仑发现了这张图，也成功逃出了流放的孤岛，也许整个世界的历史都会被重写。然而，如今拿破仑已经去世，历史也不可更改，再好的机会也都变成了空想，归于虚无。

思维定式的力量是很强大的，为此，我们应打破思维定式。男孩在考虑问题的时候，一定要学会举一反三，也要学会从不同的角度出发，找到解决问题的可行性方法和契机。若总是局限于固有的方法，就只能沿着思维的老路向前走，无法找到新出路，最终把自己局限住。陷入思维定式中的人，就像是被蒙住眼睛一样，看待问题局限在一个角度，思考问题只能因循守旧。男孩要想发挥创造力解决问题，一定要打破思维的铜墙铁壁，这样才能在成长的过程中不断突破和超越自我，才能激发出自己的潜能。

任何时候，都不要被自己的思维局限住，曾经有一位名人说，每个人最大的敌人都是自己。古诗云，不识庐山真面目，只缘身在此山中，它告诉我们，若置身于其中，我们就无法跳脱出来看得更加客观全面，而只有让自己从事情之中跳出来，站在更高处总览全局，才能有更好的成长和更巨大的进步。

发散性思维，让人生不一样

对于每一个男孩而言，和所学习到的知识相比，创造力更重要，独立思考和解决问题的能力更重要。古人云，授人以鱼不如授人以渔，说的正是这个道理。因此男孩在学习和成长的过程中，不仅要接受外部教授的各种知识，也要学会激发自己的创造力，以发散性思维创新地进行思考和解决问题。唯有如此，才能让人生变得与众不同，才能避免被一些难题困顿住，不知道如何摆脱。

那么，何为发散性思维呢？如果说大多人的思维都是一条线，或者是直线，或者是曲线，那么发散性思维则是如同一把伞一样张开的若干条线。这些线索虽然都是以问题作为出发点展开，有着共同的起点，但是它们的方向各不相同，每一条都有自己的线索和轨迹，最终是否能够到达目的地解决问题还未可知。相比起一条线，这么多线，解决问题的机会自然大大增多，可能性也大大增加。由此可见，在遇到简单的问题时，可以选择两点之间直线最短，或者适度迂回曲折地解决问题，但是，在遇到难题

的时候，就必须让思维发散开来，这样才能拥有更多的可能性，增加成功解决问题的概率。

通常情况下，墨守成规的人总是习惯性地使用直线思维解决问题，而那些有创造力且积极创新的人，则愿意进行不同的思考和尝试，从而让思维的道路越来越宽。当思维被局限住时，似乎略微进行改变都是很困难的，唯有打破思维的铜墙铁壁，让以发散性思维思考和解决问题成为习惯，才能激发自身的潜能，让思维始终处于活跃的状态，迸发出强大的力量。

1972年，尼克松参与竞选总统，与民主党提名的麦高文成为竞选对手。在竞选进行中，麦高文认为他的副总统竞选搭档很不给力，为此临时决定替换副总统竞选搭档。这样一来，麦高文的汽车贴纸和竞选铭牌"麦高文—伊哥领"全部作废。很多人都对麦高文更换副总统竞选搭档非常关注，而对于这些已经成为废物的汽车贴纸和竞选铭牌毫不在意。正当此时，有个年仅16岁的少年从中发现了商机，他按照5美分一个的价格购买了5000个汽车贴纸和竞选铭牌。让人难以置信的是，这些废物摇身一变成了宝贝，男孩每个标价25美元，居然被抢购一空。很多人购买这些汽车贴纸和竞选铭牌作为纪念品，的确，这些看似是废物的东西代表着历史的特定阶段和特别事件。可想而知，男孩由此赚取到人生中的第一桶金，这也彰显出他独特的生意头脑和发散性思维。这个男孩就是比尔·盖茨，事实证明，比尔·盖茨的确很适合经商，也是有独到眼光的。

在这个事例中，每个人都知道麦高文要更换副总统竞选人选，但是他们的关注点都偏离了，而忽略了那些被废弃的汽车贴纸和竞选铭牌。偏偏比尔·盖茨慧眼识珠，意识到这些废物蕴含着很大的价值，也富有纪念意义，为此当机立断以低廉的价格购买了这些东西，再将其包装成宝贝售卖出去。看到比尔·盖茨赚得盆满钵满，相信有很多人都会产生酸葡萄心理，觉得他就是运气好。实际上，这可和运气没有关系，而是因为比尔·盖茨有眼光，能够另辟蹊径，也能够从大家常见的东西里挖掘出有价值、有意义的东西，创造巨大的价值。后来，比尔·盖茨之所以能够创造微软帝国，成为世界首富，与他的发散性思维和创新精神是密不可分的。

男孩一定要有创造精神，这样才能从同样的境遇之中发现契机，找到成功的好机会，否则，若总是拘泥于固有的思维，只能看到别人已经看到的东西，谈何抢先一步、抢占先机呢？创造力蕴含着强大的力量，比知识更加重要。但是这并不意味着知识毫无用处，众所周知，创造力并非天生就具备的，人只有在掌握一定的知识之后，才能灵活运用各种知识，开动自己的脑筋，才能呈现出创新的意识和能力。从现在开始，就让我们开动脑筋努力思考吧，不要因为懒惰就故步自封，也不要因为懒惰就总是对于各种事情怀着糟糕的体验，只有不断地努力成长，坚持进取，才能让思维更加灵活，才能让知识的联结和互动更为密切。

想象力是男孩的翅膀

孩子四五岁的时候，想象力最强，这个年龄段的孩子甚至无法分清楚想象和现实，常常会把想象和现实搞混，因此会出现"撒谎"的情况。这个年龄段的撒谎不是真的撒谎，这是因为孩子说出了想象中的事情，误以为那是现实。随着不断的成长，想象力会呈现出下降的趋势，这是因为孩子们开始学习知识，人生的经验也越来越丰富，为此他们会收起天马行空的想象，更加趋于理性，更加习惯于进行相对严谨的思考。在成长过程中，孩子们的独立性也变得更强，为此他们会更加强调自己的独立主见和

观点意识，不愿意人云亦云，而更倾向于坚持自我。

　　想象力对于孩子的成长至关重要，如果没有想象力，孩子就会像折翼的天使一样，在成长过程中处处碰壁，也觉得成长枯燥乏味，没有任何乐趣可言。此外，想象力对于科学研究和发明创造也很重要，如果没有想象力，就只能求证，只有拥有想象力，才能突破性地解决问题，激发自身的潜能，并发挥创造力，为缔造美好生活贡献力量。2010年，英国曼彻斯特大学的一位科学家带着学生获得了物理学奖，引起了世界轰动。这位科学家叫安德烈·海姆，他的学生叫康斯坦丁·诺沃肖洛夫。康斯坦丁年仅36岁，居然和老师一起获得了诺贝尔物理学奖，这让人们对他刮目相看。要知道，有史以来，能够获得诺贝尔奖的人平均年龄在50岁，毫无疑问，康斯坦丁是诺贝尔奖获得者中不折不扣的年轻人。其实，更加吸引人们的，除了康斯坦丁的年龄之外，还有康斯坦丁和安德烈一起想出的脑洞大开的科学方法。一直以来，人们都为如何获得超薄材料石墨烯而感到烦恼，因为获得这种材料的方法很烦琐，需要耗费大量的时间和精力。但是，康斯坦丁和安德烈脑洞大开，创造性地突破了一切固有的方法，独辟蹊径，居然只要使用"胶带"和"铅笔"就能获得石墨烯。这真的是一个脑洞大开的方法，换作其他人，简直无法想象这么简单的方法就能解决困扰很多科学家的难题。但是，超强的想象力让康斯坦丁和安德烈获得了成功，也让他们在世界科学史上留下了浓墨重彩的一笔。

　　石墨烯来源于石墨材料，它的硬度很强，比钢铁还要坚硬100倍，它的导电性非常好，韧性也很强。为此，如果能够获得大片的、质量上乘的石墨烯，就可以制作出超轻火箭、超级计算机，还能制作出超级防弹衣。然而，如何获得石墨烯是世界级难题，一直以来，无数科学家尝试各种办法解决难题，却没有进展。康斯坦丁和安德烈的方法是怎样的呢？说起来这个方法非常简单，就连小孩子都能操作。他们从石墨碎片中剥离石墨薄片，然后把石墨薄片的两侧都粘贴上胶带，只要把胶带撕开，石墨薄片就会随之一分为二。把这个简单的动作不断地重复下去，最终就得到了单层碳原子——石墨烯。听上去，这简直让人不敢相信，但是他们正是凭着这个脑洞大开的方法获得了诺贝尔物理学奖。

其实，安德烈的超级想象力并非偶然表现出来的，他始终是一个脑洞大开的科学家，最喜欢凭着想象进行各种科学研究。当然，虽然听起来用透明胶带把东西一分为二并不难，但是，真的要把石墨材料撕分到和一个原子相当的厚度，还是很难的。只有想象力远远不够，还要进行无数次的反复试验，才能验证自己的设想，才能以真实的效果证明自己的设想可行。但是，无论多么艰难，有想法，并且可以把想法付诸实践，这一点都至关重要。正因为如此，伟大的科学家爱因斯坦才会说，想象力推动世界进步，孕育知识产生，比掌握知识更加重要，想象力是科学研究中不可或缺的重要因素。男孩原本就很善于思考，动手能力也很强，为何不发挥自身的优势，推动想象力持续向前发展，让自己在思考的道路上不断地攀升呢？只要想象力足够强大，我们距离成功就会越来越近。

想象力固然重要，但培养和增强想象力并非简单容易的事情。知识是想象力的基础，男孩只有坚持学习，积累知识，才能以知识作为基础，获得长足的进步和发展。此外，想象力的诞生，还需要勤于观察，对于生活中出现的一切事物都饱含兴趣，怀有强烈的好奇心。这样才能在持续刻苦钻研的过程中借助想象力的翅膀，一路翱翔。

很多事情都比预期简单

在做一件事情的时候，我们往往会先进行初步的估计。如果预估的情况很乐观，那么我们会兴致勃勃去做；如果预估的情况很糟糕，那么我们就会感到压力山大，也很颓废沮丧，甚至会在没有尝试的情况下就畏缩胆怯，选择放弃。不得不说，努力去做虽然未必有收获，但是如果连想都不敢想，试都不敢试，则只会导致彻底失败，与成功绝缘。

做人，固然要未雨绸缪，但是要把握合适的限度，若过度未雨绸缪，就会变成杞人忧天，就会因为对于很多事情的预估过于悲观而完全放弃努力。毫无疑问，这是我们不愿意看到的，也会给我们带来很多的困扰。其实，很多事情并不会像我们预想的那么举步维艰，这是因为世界上的万事万物都处于发展变化之中，一则事情有可能变得更好，二则我们自身的能力和水准也处于不断增强、提升的过程中，为此，凡事虽然要做好最坏的准备，却也要朝着最好的方向切实努力，这样才能获得更多的收获和更好的成长，才能在面对人生未来的时候始终坚定不移，勇往直前，排除万难也要奔向成功。

有的时候，面对难题，我们就算绞尽脑汁也想不出解决的办法，更不知道如何做才能得到圆满的结局。实际上，局限和禁锢我们的不是冷酷无情的现实，而是我们脑海中的铜墙铁壁。若被自己的思维局限住，我们无论如何也不能顺利打开局面，让思维大开大合，获得突破性的发展。为此，我们要做的就是让思维决堤，这样才能真正改变思路，也许只要换一个角度来考虑问题，就可以让一切都变得简单易行。

有一家专门生产调味品的企业，在成立之初生意蒸蒸日上，经营状况良好，为此创造了很好的销售业绩。然而，随着市面上生产调味品的企业越来越多，这家企业的销售额出现下滑，为此，公司领导很发愁，不知道如何才能突破困境。高层管理者经过一番研究，决定要开发新产品。然而，新产品的研发需要时间，所谓远水不解近渴，领导说："研究新产品是必然的，但是新产品并不能当即拯救我们于水火。所以还是要集思广益，先解决当下的销量下滑问题。"公司领导一致决定面向全公司征求解决问题的方案，对于方案切实可行且被采纳的人，公司将会给予5万元的奖励。5万元可不是个小数目，为此员工们跃跃欲试，积极地开动脑筋思考出路，也把自己绞尽脑汁想出来的办法发送到总经理的邮箱里。

每天，总经理上班的第一件事就是看邮箱，但是，几天的时间过去，仍没有合适的方案可以采用的。正在总经理感到焦头烂额之际，有一天，他打开电脑看到一条方案，当即一拍脑门，而且马上让秘书召集中高层管理者和一个叫刘波的员工一起开会。秘书丈二和尚摸不着头脑，刘波只是个名不见经传的小职员，而且进入公司没多久，为何有资格参加这样的高层会议呢？会议一开始，秘书就知道了原因。原来，总经理认为刘波的建议很可行，而且预估在采纳这个建议之后公司的困境马上就能缓解。刘波的建议到底是什么，有何神奇之处呢？

刘波说："我建议把现有的容器统一扩大口径，这样一来销量一定会上涨。"一开始，有些领导听到这个荒唐的建议觉得是闹剧，在刘波认真细致地进行分析之后，他们不由得心服口服。最终，参与会议的人全都同意刘波的建议。果然，经过这个小小的调整，调味品的销量在几个月的时间里一直保持上涨的态势，在销量稳定之后，新产品也正式投入生产，投放市场，为此公司的发展再次呈现出欣欣向荣的景象。

把调味品的容器口径扩大，这样一来，消费者在使用调味品的时候，依然会和以前一样倾倒调味品，为此使消耗增多，购买周期缩短，所以销

量自然上涨。刘波之所以能拿到5万元奖金，绝不是因为运气好，而是因为他很善于思考，也能够在很多道路都走不通的情况下积极地想办法解决问题。可想而知，刘波不但会得到5万元奖金，而且会升职加薪，得到重用。

一个好的创意和点子，是千金不换的，虽然解决问题要付出切实的努力，但是，如果没有正确的方向和高效率的方法，只会导致事倍功半。由此可见，好创意是解决问题的根本，就像一棵大树，只有扎稳根，才能长得枝繁叶茂，才能给人间带来丝丝清凉。男孩千万不要总是局限在固有的思路之中无法自拔，而应积极地转换思路，这样才能最大限度地把思维发散开，才能切实有效地解决问题。脑子越用越灵活，任何时候，都不要吝啬用脑，更不要吝啬好的想法和创意。随着不断的成长，我们必然会有更多的金点子产生，对此，我们要把金点子用到正当的地方，使其发挥最大的效力和作用。其实，不仅是那些装调味品的容器需要扩大口径，我们也需要把自己的思维扩大口径，这样才能脑洞大开，才能让思维天马行空，飞到九天云霄。

学会用逆向思维解决问题

俗话说，人生不如意十之八九，这句话告诉我们，每个人在生命的历程中都会遇到各种各样的困难，没有任何人的人生会是一帆风顺的。如何才能从容应对人生中的各种问题，让自己在生命历程中有更好的表现呢？在遇到难题的时候，一味地抱怨，或者因循守旧，按照固有的方式解决新问题，当然不可能获得成长和进步，最重要的是采取灵活的思维方式思考问题，这样才能切实有效地解决问题。前文说了，发散性思维就像一把撑开的伞，根据问题发散出去的那么多条思维的线索，总有一条线索能够解决问题，帮助我们找到问题的答案。这和一条道走到黑的思维方式相比，成功的机会自然更多，成功的可能性也会更大。然而，问题总是千奇百怪，也在不停地发生变化。采取直线思维、曲线思维和发散性思维都无法解决难题时，我们又该怎么做呢？这个时候，不妨采取逆向思维的方式思考问题，反其道而行，说不定会有意外的收获呢！

生活中总是充满了各种智慧，有些智慧和技巧人人都懂，也能掌握，而有些智慧和技巧却深深掩藏在生活的真相之下，是需要我们开动脑筋去发现的。只要掌握了解决问题的智慧，我们就能举一反三，以不变去应付生活的万变，因为生活总是万变不离其宗，所以我们也就可以静观其变。要知道，这个世界上从未有真正的绝境和困境，只要我们不放弃，满怀希望地去尝试各种方法解决问题——也许一种两种方法起不到任何作用——但是，只要当方法越来越多，总有一种方法可以撼动问题，找到合理解决问题的机会。纵然不能一步到位、真正解决问题，我们也可以借此机会打开思路，让问题呈现出豁然洞开的局面。

有一个老人退休了，独自居住，因为觉得闹市区的居住环境太吵闹，所以老人把闹市区的房子卖掉，去远郊区购买了一套更大、环境优美的房子。这套房子正处于小区的中间位置，楼下就是小区里最大的花园，每次推窗见景，老人都觉得在这样的房子里住一天是心情舒畅的。

然而，才住了没几天，就到了暑假，安静美好的岁月随之结束。孩子们都不喜欢午睡，每天中午都在大花园里嬉笑打闹，吵闹得老人连睡午觉都睡不着。这可怎么办呢？老人和孩子们沟通了好几次，希望孩子们等到下午3点之后才出来玩，但是孩子们可不管这一套，总是吃完午饭就下楼，

一直玩到太阳西落才回家。为了睡个好午觉，老人突然想到一个好办法。此后接连好几天，老人都会买一些美味的零食分给孩子们吃，并且对孩子们说："我是一个独居的老人，每天都觉得很寂寞，希望你们每天中午都来玩，这样我在楼上阳台上就可以看到你们，也就不觉得寂寞了。"得到老人的零食，孩子们玩得更加兴高采烈，坚持要闹翻天。几天之后，老人找到孩子们，说："对不起，可爱的小家伙们，我的退休金快花完了，不能给们买礼物了。你们还可以每天来陪伴我吗？"听到老人的话，孩子们马上散开回家，有一个孩子边走边念念有词："都没有礼物给我们，还让我们来给你解闷，这么热的天气，我们回家吹空调吃冷饮该有多好！"看着孩子们渐渐远去的背影，老人高兴地回家，踏踏实实睡了个午觉。

一味地劝说孩子们不要吵闹，并不能让孩子们有所收敛。思来想去，老人想出了好办法解决问题，而且的确效果显著。老人先是给孩子们报酬，随后又不给孩子们报酬，这样一来会让孩子觉得自己的付出没有得到应得的回报，为此也就不愿意顶着大太阳在花园嬉戏打闹了。不得不说，老人解决问题的思路很独特，也正是因为如此，才能收到良好的效果，老人终于可以安静地午休了。

每个人都是这个世界上独一无二的生命个体，有着自己的思想观念和为人处世的原则，即使面对同一个问题，不同的人也会有不同的思考和权衡，更是会想出不同的解决方法。这就是思维的神奇魔力，也是思维的巨大力量。很多人都有逆反心理，越是管教或者约束，他们反而越是要追求自由，我行我素。在这种情况下，不妨利用对方的逆反心理，反其道而行，这样也许会对说服对方起到更好的作用。

当然，逆向思维不是天马行空地胡思乱想，也不是不讲究原则和技巧地把问题弄得更糟糕，而是针对真正发现的问题有的放矢地分析和解决问题。采取逆向思维可以有效地打破思维局限，让思维别有洞天，豁然开朗。在使用逆向思维的过程中，还要善于总结和反思，毕竟一个人很难一开始就把逆向思维使用得很好，只有尝试着使用，不断地积累经验，才能借助于逆向思维圆满地解决问题。

细致观察，增强思维能力

要想提升思维能力，提高思维水平，就要对现实生活进行细致的观察和用心的感悟，这样才能对于生活有入木三分的深刻了解，才会在观察的过程中开动脑筋，让自己的思维始终处于快速的转动之中。俗话说，脑子越用越灵活，只有坚持不懈地用脑，才能发挥脑力，让思维越来越灵活。反之，一个人如果缺乏观察力，对于同样的人生经历，别人百感交集，他却无动于衷，那么内心就会很匮乏，思维也会渐渐地僵化。这样一来，还谈何学习和成长呢？

古今中外，很多伟大的科学家都是善于观察、勤于思考的人，所以他们在面对生活时总是能够迸发出灵感，也会以不断尝试的精神坚持开拓进取，努力做到最好。男孩虽然相比起女孩比较粗心，但是只要有意识地改变，调整思维模式，就可以做到认真细致，增强观察力，并加深对于生活的感悟和理解。

瑞利是英国大名鼎鼎的物理学家，在物理学领域作出了伟大的成就和杰出的贡献，为此受到很多人的尊敬。其实，瑞利能在物理学领域出类拔萃，与他从小就很善于观察和思考是密不可分的。小小年纪的瑞利就有着敏锐的眼睛和敏感的心灵，善于察言观色，主动把很多事情做好。

有一天，有客人来家里拜访，妈妈赶紧沏好茶水放在茶盘上，准备端给客人喝。在走向客人的过程中，茶碗在茶盘上晃动，妈妈一不小心，滚烫的茶水就洒出来了。瑞利很担心妈妈，因此始终盯着妈妈看。此时，他有了一个很有趣的发现，那就是茶碗之前在茶盘上晃动，在茶水洒出来之后，就不晃动了。这是为什么呢？小小年纪的瑞利想不明白其中的原因，因此，等到客人离开，他马上拿起茶碗和茶盘开始尝试着探究真相。在进行反复试验之后，瑞利终于得出了合理的解释。原来，茶盘上有油渍，因而茶碗在茶盘里很容易晃动。但是，热茶水进入茶盘后，就把油渍溶解了，所以茶碗再也不晃动了。瑞利为自己的发现高兴不已，他没有因此而停止研究，反而更进一步开始研究摩擦力，并提出，当需要减少摩擦力的时候，就可以采取涂抹润滑油的方式起到润滑作用。正是因为从小就不放过生活中的每一个发现，并能真正做到潜心研究，瑞利才在不懈努力之后获得了诺贝尔物理学奖。

生活中有千奇百怪的现象，要想透过这些现象看到事物的本质，洞察事物的真相，就一定要有敏锐的观察力，也要在产生疑问之后开动脑筋勤奋思考，这样才能将问题钻研得更加深入和透彻，我们不能被问题的表面迷惑住，更不能把问题随随便便就抛之脑后，对问题不管不顾。观察和思考都是学习的好方式，一个人只有善于观察，勤于思考，才能迈开学习的脚步，坚持向前。

男孩如何才能在成长的过程中锻炼和增强自己的思考力呢？很多男孩一旦遇到问题就会马上向父母求助，希望父母能够直接告诉他们答案，也完全代替他们解决问题。实际上，这样的不劳而获对于男孩的成长没有任何好处。正确的做法是，哪怕男孩不能凭借一己之力解决问题，也要督促自己能想出多少就想多少，推动思维更进一步深入，而不要在还没有开动脑筋的情况下就觉得自己不行，因而完全把问题丢给他人。脑子就像是一个机器，越是勤于使用，越是灵活，为此运转起来也会更加快速高效。反之，若是从来不用，反而会因为缺少润滑和摩擦而生锈，这样一来，当然无法高效率运转。从现在开始，男孩们，开足马力转动脑筋吧！若你的脑子转得飞快，还担心无法解决问题吗？

第 9 章
成大事者善自制，有控制力的男孩才能掌控人生

　　人是情感动物，也因为生活中总是会发生各种各样的事情，所以人们常常会陷入各种情绪状态之中，或者忧愁烦恼，或者怨天尤人，或者怒气冲天……这些负面情绪并不利于人们保持身体健康，而且会导致人际交往变得恶劣。为此，要想成大事，首先要增强自我控制力，善于自制。试问，一个人如果连自己的情绪都不能控制，还如何掌控人生呢？所以男孩要从小就学会自控，这样才能主宰和驾驭人生。

自制力，是一个人最强大的表现

所谓自制力，顾名思义就是自己管理和掌控自己的能力。一个人如果总是因为小小的不如意就歇斯底里，失去对于自己的控制，被愤怒冲昏头脑，那么可以断言这样的人什么事情也做不成，更做不好。自制力，是一个人内心强大的重要表现之一，很多男孩误以为长得身强体壮就是强大，或者嗓门大、力气大就是强大，其实不然，真正的强大，是对于内心的把握和掌控，是任何时候都可以控制好自己，避免因为失控而做出无法挽回的事情。为此，男孩要想提升自制力，最重要的就是管理好自己的情绪，控制好自己的坏脾气。当男孩有意识地减少发脾气的次数，也不再因为坏脾气而导致与人交恶时，就可以说男孩已经真正长大了，成为男子汉。

当然，想要控制好情绪并不是一件容易的事情，尤其是很多孩子都性格急躁，常常因为各种事情而导致情绪波动，很难始终都保持好情绪。此外，生活也并不总让人如意，当遭遇烦心事时，烦恼和忧愁就会接踵而来，让人不堪其扰。但是，男孩要认识到，生活中既有烦恼和忧愁，也有喜悦和满足。为此，男孩要做到得意时不张狂，失意时不沮丧，这样才能合理调控情绪，让自己更加掌控好情绪。在成长的过程中，男孩需要学习的事情很多，其中，增强对于情绪的掌控力就是最为重要的一条，它会对男孩的成长产生巨大影响力和作用力。

有个男孩脾气很坏，哪怕只是对于一些不值一提的小事情，他只要

感到不满意，就会发脾气。为此，不但他自己情绪不好，身边的人也会被他的坏情绪影响，总是提心吊胆的，根本不能把心放下来，尽情快乐。爸爸妈妈想了很多办法帮助男孩改掉坏脾气，但是收效甚微。有一天，爸爸灵机一动想到一个好办法。他拿出一只锤子和一口袋钉子给男孩，对男孩说："从现在开始，你每发一次脾气，就要在你卧室的实木衣柜上钉上一颗钉子。"男孩马上叫嚷起来："那可是我最喜欢的衣柜，怎么能在上面钉钉子呢！"爸爸说："正因为那是你最喜欢的衣柜，所以才要让你把钉子钉在上面，这样才能让你减少发脾气的次数，控制好情绪。"男孩虽然很不乐意，但是既然爸爸这么说了，他也没办法，而且他意识到自己的确太爱生气了。

才第一天，男孩就在衣柜上钉了8颗钉子。看着钉子把衣柜弄得很难看，男孩心疼不已，暗暗告诉自己："明天，我一定要避免生气。"然而，次日，男孩因为各种事情，居然发了10次脾气。看着比昨日更多的钉子，男孩懊悔不已，痛恨自己为何不能控制好坏脾气、好好和人说话。日复一日，男孩每天钉在衣柜上的钉子有时候多，有时候少，然而，总体上还是在减少。直到一年多之后，有一天男孩兴奋地告诉爸爸："爸爸，爸爸，我昨天一天都没有发脾气，也没有在衣柜上钉钉子。"爸爸抚摸着男孩的头，和颜悦色地对男孩说："的确，你最近脾气好多了。爸爸希望你能继续坚持。如果你能连续一个星期都不再钉钉子，那么，每当你有一整天不钉钉子，就可以拔掉一颗钉子，好吗？"男孩万万没想到，他轻而易举就钉在衣柜上的钉子密密麻麻，把这些钉子都拔掉，他花了3年的时间。等到钉子都拔掉，男孩已经长得比爸爸还高，成为不折不扣的小小男子汉。爸爸问男孩："你已经能很好地控制脾气了，接下来，你是想继续用这个千疮百孔的衣柜，还是换一个新衣柜呢？"男孩很羞愧，意识到自己的脾气多么坏，因而对爸爸说："我愿意继续用这个衣柜，因为这些痕迹在提醒我，我必须控制好自己的脾气，才能更加快乐，才能避免伤害他人。"爸爸点点头。从此之后，男孩再也没有乱发脾气，而是坚持调整好情绪，和颜悦色地对待他人。

曾经有心理学家经过研究发现，愤怒会使人的智商瞬间降低，在极度愤怒的情况下，人们根本无法进行理性的思考，作出理智的决定。为此，男孩从小就要学会控制情绪，管理好自己的坏脾气，这样才能让自己健康快乐，才能与身边的人和谐友好地相处。

要想保持好情绪，男孩还要让自己的心怀变得更加开阔和博大，而不要总是小肚鸡肠，斤斤计较，遇到任何不满意的事情都会情绪波动，满腔怒火。在与他人产生争执或者有分歧的时候，男孩还要更好地了解他人，体谅他人，这样才能设身处地地为他人着想，才能让自己尽量保持心平气和。其实，愤怒丝毫无助于解决问题，反而会让问题变得更加糟糕，导致事与愿违。为此，明智的男孩一定要控制好情绪，保持好心情，这样才能理性面对和解决问题，才能让自己不断地成长和进步，变得更加成熟与强大。

学会控制情绪，远离悲伤躁郁

曾经有一位名人说，生气是用别人的错误惩罚自己，当想明白这个道理后，还有人愿意生气吗？当然有，总有一些人无法控制自己的情绪，也渐渐地远离了幸福与快乐。实际上，要想控制情绪，就要做到防患于未然，而不要等到坏情绪已经爆发且无法控制的时候再感到后悔。男孩要有宽广的胸怀，要以一颗宽容的心接纳和包容他人，并谅解他人的错误，这

样才能避免用别人的错误惩罚自己。当然，除了因为别人的错误而生气之外，还有很多人会莫名其妙地陷入坏情绪之中，这是情绪周期在发生作用。这种无缘无故产生的糟糕情绪，往往是比较平和的，只会让人感到压抑和郁闷，而不至于怒火中烧、歇斯底里。如果以形象的比喻进行说明，那么这样的情绪就像是江南缠绵悱恻的小雨，而不像是北方的雨那么噼里啪啦就下来了，让人无法招架，应接不暇。

很多人都觉得女孩的内心很敏感，感情很细腻，为此常常会陷入莫名其妙的情绪中无法自拔，而男孩则内心粗犷，性格豪放，所以很少会出现情绪胶着的情况。实际上，男孩之中也不乏有感情细腻、情绪敏感的人，而且很多男孩有情绪周期，时常会感到情绪低沉失落，无法有效地控制自己。在情绪问题爆发之前，实际上是有预警的，为此，当男孩感觉自己的情绪出现异常波动和变化时，一定要积极地应对自己的情绪，或者采取转移注意力的方法，或者让自己想一想开心的事情，这样一来，也许只需要短暂的时间就能从坏情绪中走出来，也就不会让情绪问题持续恶化，变得不可收场。

亚克力是一个情绪非常敏感、感情特别细腻的男孩，妈妈常说亚克力有可能是林黛玉投胎转世，否则，作为男孩的他本应该粗线条，为何总是伤春悲秋呢！有段时间，亚克力特别想养一只小狗，正好亚克力要过生日了，所以妈妈就送给亚克力一只小狗。亚克力高兴极了，每天都精心照顾小狗，晚上恨不得搂着小狗一起睡觉呢，害得爸爸都嫉妒了，说亚克力对小狗比对爸爸妈妈还亲呢！

有一天早晨，亚克力要去上学，和平时一样在门口和小狗告别。然而，也许是因为亚克力没有把门关好，爸爸妈妈准备出门去上班的时候，才发现小狗不见了，而门是虚掩着的。爸爸妈妈深知亚克力对于小狗的喜爱，当即向单位请假四处寻找小狗，然而，一无所获。傍晚放学回到家里，亚克力没找到小狗，又联想到自己早晨上学的时候的确没有检查门是否关好，为此非常后悔，眼泪如同断了线的珠子一样往下掉。妈妈安慰亚克力："别伤心了，妈妈再给你买一只小狗，好不好？"亚克力丝毫不喜欢这个提议，当即反驳妈妈："我的小狗是无可取代的，我只要我的小狗。"夜深了，亚克力还在等着小狗回家，时不时就去家门口看看。

看到亚克力的情况，爸爸妈妈都很担心，为此对亚克力说："亚克力，你这么想念小狗，可以把小狗画下来，然后爸爸再准备一些寻狗启事，明天咱们四处张贴一下，好不好？"原本手足无措的亚克力终于找到可以为小狗做的事情，感到很开心，当即拿出彩笔开始画小狗。次日，爸爸带着厚厚一叠寻狗启事四处张贴，和亚克力一起寻找小狗。在做了这些事情之后，亚克力内疚的心情略微减弱，他终于可以吃饭睡觉，稍显平静地等着小狗回家了。

很多男孩子的感情也是非常细腻和深厚的，为此，不要觉得男孩就是神经大条的，对凡事都毫不在意。当然，有些事情一旦发生，并不能完全弥补，为此，男孩在感到悲伤之余，也要及时地从负面的情绪中走出来，采取积极的措施去补救。在没有结果的情况下，还要学会放下，从而调整好情绪。如果总是陷入负面的情绪中无法自拔，则一定会让一切都变得更糟糕，根本于事无补，还会事与愿违。当然，在此过程中，父母也要有意识地为男孩找到宣泄情绪的渠道，帮助男孩恢复情绪平静。

人生之中，时光就像是一条河流不停地向前流淌，一去不返。我们要认识到有些事情一旦发生就无法改变，从而学会接受。人生不如意的事情很多，在犯了错误或者导致严重的后果之后，男孩要做的是认真反思，深刻反省，从而让自己踩着错误的阶梯不断地前进，努力地改正，而不是始

终沉浸在错误中无法自拔，不但不能弥补错误，反而连当下要做的事情也耽误了，出现重大的失误，以致情况更加糟糕。犯错误不可怕，最重要的是改正错误，积极弥补他人的损失，减少给他人带来的伤害。男孩要变得强大，就要学会接受失败，承认错误，并承担起自己的责任，这样才能成为真正的男子汉，让自己在人生的道路上始终都抬起头，挺起胸，阔步向前，无怨无悔。

不生气，才能有智慧

前文说过，在极度愤怒的情况下，人的智商会瞬间降低，甚至为零。为此，当愤怒来袭的时候，男孩要合理控制好情绪，尽量保持心情平静，而不要被愤怒驱使和驾驭，导致自己根本不能理性思考，否则只会使事情更加糟糕和无法收场。然而，生活中总有些不如意的事情，让我们感到遗憾，或者让我们觉得很闹心。在这种情况下，我们就要掌握不生气的智慧，这样才能合理解决问题，才能尽量圆满地处理好每一件事情。

男孩原本就情绪容易波动，为此很多愤怒都是突然之间产生的，程度很强烈，简直不给人思考和回旋的余地。殊不知，冲动是魔鬼，因为一时冲动而发泄怒气，对于结果不管不顾，只会导致情势恶化，无法收场。在因为愤怒而闯下大祸之后，还有可能因此而付出昂贵的代价。这正是典型的得不偿失。很多老司机都知道，在遇到红灯的时候宁停三分不抢一秒。实际上，当情绪的红灯亮起，对我们起到警示的作用时，我们也要宁停三分不抢一秒，给自己更多的时间恢复情绪平静和理智，这样才有助于理性思考，合理解决问题。很多男孩都胸怀大志，都希望在人生中能够做出伟大的成就，那么，男孩就更要加强对于自己情绪的主宰和掌控能力，让自己拥有不生气的智慧，彻底把负面情绪从自己的心中赶走，这样才能从容面对人生中的很多糟糕局面，才能让自己始终充满智慧。

天空中悬挂着的太阳高高的，如同一个大火球一样，恨不得把无边无际的沙漠和沙漠里的一切生灵都吞噬掉。骆驼虽然素来有沙漠之舟的美称，但是，在这样灼热的天气中，行走在烫脚的沙子里，也忍不住头昏目眩，恨不得马上就找个阴凉的水源地大喝一顿。骆驼漫无目的地走着，根本不知道该去往何方。正在这个时候，骆驼不小心踩到一片玻璃上，硌得脚掌生疼。原本就满肚子怒气的骆驼这下子更是怒火中烧，它毫不迟疑地抬起脚，使足力气狠狠地朝着碎玻璃踢过去。没想到，这块玻璃比骆驼预想的大，骆驼只看到了它露出的一角。为此，骆驼这一脚下去，玻璃纹丝不动，而它的脚掌却被玻璃划出了一道又长又深的伤口，鲜血马上从伤口中涌出来，把骆驼脚底下的沙子都染红了。骆驼觉得更疼了，它坚持着往前走，留下一道长长的血痕。

在高空中盘旋的秃鹫鼻子很灵敏，闻到地面上传来的血腥味，它们马上降低高度，在低空盘桓。在观察到血腥味是从骆驼身上散发出来的之后，它们在骆驼上空发出凄厉的叫声。骆驼听到这象征着死神的声音，心中更加恐惧慌乱，居然不顾脚掌很疼，开始狂奔起来。因为动作过于剧烈，导致伤口里的鲜血汩汩而出，血腥味更加浓重。这个时候，沙漠狼也来觅食，死死盯着骆驼不愿意离开。此时此刻，骆驼上空有秃鹫，身后有残暴的沙漠狼。骆驼简直被吓破了胆，不顾命地狂奔起来，最终筋疲力尽，倒在地上再也无力奔跑。正在此时，成群的沙漠狼一拥而上，把骆驼咬死，开始大快朵颐。秃鹫在沙漠狼吃饱喝足离开之后，也分得一杯羹，开始啄食骆驼硕大骨架上残留的肉。很快，骆驼就变成了一具白骨。

强壮的骆驼为何要和一块硌脚的玻璃生气呢？在被沙漠狼群起而攻之、失去生命的那一刻，骆驼一定很后悔，因为它太爱生气，才导致横死沙漠。当一个人处于极端愤怒的情况下时，他做出的举动未必会伤害他人，但是极有可能因为头脑不清楚而导致伤害自己。为此，在情绪亮起红灯的时候，明智的男孩一定会告诉自己暂停几分钟，先不要急着生气，这样才能给自己更多的时间和机会来平复心情，才能让自己作出理性的思考和选择。

人生在世并没有真正的绝境，只要心中有希望，也不放弃努力，就总能突破绝境，获得生机。最重要的在于，不要因为情绪冲动而失去理智，也不要因为内心惶恐紧张就变得歇斯底里。有人说，愤怒的人都是外强中干的，就是因为不知道如何面对和解决问题，他们才以怒气来掩饰自己虚弱的内心。这样的说法很有道理，细心的男孩也会发现，越是那些强大的的人，越是能够在危急时刻保持镇定，也会在受到伤害和委屈的时候气定神闲地从容面对。既然愤怒不能解决任何问题，还会导致问题变得糟糕和无法收场，也会使我们给他人留下恶劣的印象，那么就调整好心态，不要再因为愤怒而做出让自己懊悔的举动。世界上可没有后悔药可卖，为此一定要谨慎思考，三思而行，这样才能在情绪冲动的时候给自己的情绪之火降温，才能在人生中面临困境的时候理智地思考，寻求解决的办法。

当作为被伤害的一方而情绪冲动时，男孩要学会换位思考，站在对方的立场上考虑问题，这样才能更加理解和宽容他人。也可以假设自己如果是对方会怎么做，这样一来，如果你的想法和做法与对方相同或者相似，你心中的怒气自然会烟消云散。而如果你有更好的选择，也可以说出来给对方作为参考。总而言之，不要轻而易举就把自己和对方对立起来，如果大家共同的目的都是解决问题，为何不能结成同盟，集思广益地解决问题呢？俗话说，退一步海阔天空，实际上这句话还有下半段，那就是进一步万丈危崖。与其等到事情无法收场再去懊悔，不如在事情还可以弥补的时候及时挽救，只要每个人都能站在他人的角度上为他人着想，设身处地地理解他人的苦衷，相信人与人之间的关系会更加和谐融洽，也能彼此交好。

当怒火来袭的时候，如果不能保持理性，那么一定要牢记一个原则，即先不要急于做出任何决定和举动，可以先采取合适的方式给情绪灭火，如听听音乐，离开让自己愤怒的环境，想想对方的好处，哪怕是强迫自己不要轻举妄动，也会让情绪降温，避免出现不可收拾的后果。当理性战胜了愤怒时，相信男孩会在人生中有更加出类拔萃的表现，也会更加成熟和强大。

脚踏实地，才能渐行渐远

现代社会发展的速度非常快，为此很多人的心态也渐渐变得浮躁，很少有人能够继续脚踏实地做好该做的事情，相反，他们总是梦想着能够速成，一蹴而就获得成功，甚至奢望着不劳而获。实际上，不管做什么事情，都需要踏踏实实、老实本分的精神，只想着吃免费的午餐是根本不可能的。孩子从出生到渐渐长大，在很长的一段时间内都会接受父母无微不至的照顾，而随着不断成长，他们最终要离开父母的身边，独立面对生活。为此，男孩从小就要养成脚踏实地面对生活的好习惯，这样才能在做每件事情的时候都非常认真，绝不轻易懈怠，才能在追求梦想的道路上始终一步一个脚印地坚持前进，不离不弃。

没有人的人生会是一帆风顺的，人人都渴望着获得成功，不愿意承受

失败，却不知道成功与失败并非我们可以选择的，而是各种因素综合作用的结果。正如人们常说的，机会总是给有所准备的人准备的，既然如此，男孩就要做好准备，这样才能有的放矢地勇敢向前，才能排除万难，奔向最值得期待的美好未来。

从现在开始，男孩们，请戒掉浮躁，让自己归于平静。只有把心落下来，让内心始终安然从容，一切才会有更好的成长和发展，未来才会不期而至。古人云，有心栽花花不开，无心插柳柳成荫。当放下功利心，一心一意只想把事情做好时，反而能够最大限度增大成功的概率，也不会因为患得患失而陷入被动的状态之中，总是与失败纠缠不休。

1965年9月，美国纽约举行世界台球冠军赛，很多有实力的选手都想在这次比赛中通过努力获得成功。路易斯也参加了这场比赛，他的实力很强，在比赛中始终处于领先地位，而且把实力仅次于他的竞争对手远远甩下。他的目标是获得冠军，他对于夺冠信心十足。然而，在最后的决赛中，发生了一个意外，最终导致路易斯不但没有顺利夺冠，反而失去了宝贵的生命。这一切到底是怎么回事呢？

原来，在决赛中，路易斯正准备击球，突然有只苍蝇飞过来，落在主球上。路易斯赶紧把苍蝇赶走。然而，正当路易斯再次准备击球的时候，苍蝇又飞过来落在主球上。路易斯的情绪有些波动，他马上再次驱赶苍蝇。苍蝇又飞走了，但是等到路易斯又一次准备击球的时候，苍蝇仿佛故意和路易斯作对一样，又不合时宜地落在主球上。路易斯再也忍不住愤怒，拿起球杆对着苍蝇狠狠击打，让他万万没想到的是，虽然苍蝇飞走了，但是球也飞走了。这样一来，路易斯就失去了一次击球的机会，心情恶劣极了。在接下来的比赛中，路易斯的状态非常糟糕，最终，对手抓住这个机会，努力反超路易斯，赢得了冠军。这样的大反转，对手没有想到，路易斯更没有想到。次日，人们在酒店附近的河里发现了路易斯的尸体，原本可以成为世界冠军的路易斯，就这样连自己的生命也失去了。

对于路易斯而言，如果他能够远离浮躁，对于成败得失怀着平静的心态，那么他就能从容应对失败，并让自己的内心归于平静，从而从失败中汲取经验和教训，未来也会有更大的进步。然而，偏偏路易斯被一只苍蝇激怒，为此他才会失去遥遥领先的地位，从十拿九稳的冠军变成了彻头彻尾的失败者，变得非常颓废和沮丧，也彻底改变了人生的命运。

男孩固然要拼尽全力追求成功，却也要调整好心态，这样才能在成长的道路上始终都保持平静和踏实，从而一步一个脚印努力向前。路易斯的失败不是因为那只不合时宜的苍蝇，也不是因为对手太过强大，而是因为他的情绪处于波动之中，所以他是败给了自己。大仲马曾经说过，任何人都要控制好自己的情绪，才能掌控人生。否则，一旦被情绪驱使和驾驭，就会失去对于命运的主宰，也会让人生完全处于失控状态。男孩们，你们准备好应对人生中的一切突发事件和境遇了吗？只有不遗余力做到最好，我们才能在生命的历程中始终努力向前，奔向理想的未来。

战胜欲望，成为欲望的主宰

很多人都意识到，欲望是人生中无底的深渊，每个人一旦陷入欲望的无底洞之中，就无法主宰和掌控自己，以致常常感到非常无奈，也会觉得内心很无助。这是因为，在欲望面前，人们往往会迷失自己，所以在面对人生中的很多状况时，都会觉得不知所措，也不知道如何从容应对。其实很多人都有类似经历和感受。人生每多一份欲望，就会变得更加痛苦和无

助，而每减少一份欲望，人就不会作茧自缚，而是会有更多的自由，也会有更加从容的未来。任何时候，都不要被欲望裹挟着向前走，更不要因为欲望而惹火烧身。唯有控制好欲望，并努力成为欲望的主宰和驾驭者，我们才能用欲望激励自己不断努力向前，用合理的欲望激励自己持续奋斗，奔向最理想和充满希望的未来。

当然，凡事皆有度，过度犹不及，如果没有欲望，也是不可取的。适度的欲望可以激发我们努力奋斗的动力，而过度的欲望则会让我们陷入各种被动的状态之中，迷失自己，迷失本心，变得不知所踪。为此，我们要把欲望控制在合理的限度内，这样才能让欲望在我们的人生之中发挥合理的作用，产生积极的效果，而不至于总是让我们沉沦其中，无法自拔。男孩更是要克制人生的贪欲，这样才能让自己尽快成熟，不管是思考问题还是作出抉择，都能更加理性和恰当。现代社会，很多人都提倡简单生活，就是因为他们知道，人要想更好地生存，只需要很简单的物质条件。很多时候，人之所以奢望得到更多，就是因为他们不知道满足，对于人生索求无度。为此，我们一定要在生活中更加有的放矢，这样才能在未来有更好的成长和发展，才能尽情享受人生的快乐。

戴维从小和继父在一起生活，为此饱尝寄人篱下的艰难。姐姐比他大几岁，能够自力更生养活自己，还可以给家里拿一些钱回来，为此继父对姐姐很好，而对戴维则百般看不顺眼。思来想去，戴维决定出去找份工作，赚钱养活自己，也用钱来奠定自己的家庭地位。然而，他尝试了好几份工作，没有一份能做得长久，直到后来，他看到街边有一家食品杂货店在招聘，便谎称自己已经15岁，得到了在杂货店里试工的机会。

每天早晨，戴维都早早开始干活，在一天的时间里扎扎实实忙碌8个小时，只有中午可以短暂休息，吃一块老板提供的三明治。戴维的主要工作是送货，在他所在的城市，道路崎岖不平，经常会有上坡路，因而骑着自行车四处奔波是很辛苦的事情。而且，大多数客户都住在高层楼，为此，戴维到达目的地放下自行车后，就要开始爬楼。这样工作了一个月之后，戴维终于拿到微薄的薪水。正在此时，老板告诉戴维："我要休假两周，你也可以休息两周。"戴维高兴极了，因为这一个月的工作让他感到很疲惫，他特别想休息一段时间，也想在炎热的夏季里浸泡在游泳池里玩耍。然而，时间才过去一个星期，老板就给戴维打电话，说他已经休假回来，要继续营业了。戴维还没有按照原计划享受完两个星期的假期呢，为此他拒绝了老板开工的请求，老板很快招聘到一个人取代戴维，从事送货的工作。这给了戴维深刻的教训，让他意识到，只有随时随地全身心投入工作，才能从工作中获得丰厚的回报，才能真正证明自己的能力，验证自己的实力。从此之后，戴维再也没有为了度假而放弃工作，他总是非常勤奋，随时随地做好准备投入工作之中，也全力以赴把工作做好。经过长久的拼搏和努力，戴维拥有了属于自己的餐厅，后来他把生意越做越大，开了很多家连锁店，成为不折不扣的成功者。

人总是会有很多欲望，既有赚钱的欲望，也有玩耍的欲望，还有休息和享受的欲望……在各种各样的欲望之中，我们一定要知道哪些欲望最重要的，从而为了满足最重要的欲望奋力拼搏；也要知道哪些欲望是无关紧要的，对于人生并不会起到关键性的影响作用，从而减弱欲望，让自己轻装上阵，轻松地面对人生。唯有如此，才能在欲望到来的时候合理处理好各种欲望，才能成为欲望的主人，驾驭着欲望有的放矢地努力向前，奔向理想的人生。

作为男孩，我们更是要树立远大的理想和志向，这样才能在人生中遭受困厄的时候始终坚定不移努力向上，而不会总是纵容自己，更不会让自

己在面对欲望的时候迷失了本心。正所谓不忘初心，方得始终，男孩要消除成为人生干扰因素的欲望，真正地战胜自己的内心，强大自己的人生，让自己在面对人生各种境遇时都能勇往直前，绝不畏缩和退却。人的欲望，有一部分是天生的，有一部分是在后天成长的过程中逐渐养成的。为此，在成长的过程中，男孩一定要控制住自己，不被欲望淹没，始终牢记人生的目标和方向，不离不弃，不忘初心。

第 10 章

拥有永不放弃的决心，成功面前最需要的是坚持

　　做任何事情，都要有恒心和毅力，才能取得成功。男孩既然想在成长的道路上有更多的收获，最终到达理想的彼岸，就一定要坚持，哪怕遇到坎坷挫折也决不放弃，这样才能守得云开见月明，才能真正笑到最后，笑得最好，才能距离理想的成功越来越近。

笑到最后的人，笑得最好

古人云，五十步笑百步，这句话的本来意思是说，在战场上，很多人都当了逃兵，而那些逃跑了50步的人就会嘲笑逃跑了100步的人，觉得他们没有恒心和毅力，也不能坚持，而自己逃跑的距离相对较短，所以是值得赞许的。实际上，这样的想法完全是错误的，因为，一个人不管是逃跑了50步，还是逃跑了100步，都不能改变自己是逃兵的本质。真正勇敢的人，在战场上半步也不会逃跑，只会向前冲。在现实生活中，类似的情况也时常发生，即一个人原本已经付出了百分之九十九的努力，却在最后一刻对自己产生怀疑，乃至不能继续在人生的道路上勇往直前。他不知道自己只差百分之一的努力就能获得成功，就这样与成功擦肩而过，失之交臂。实际上，笑到最后的人才是笑得最好的人，他们足够坚持，有恒心，有毅力，也总是能够战胜所有的困难，始终精神振奋，昂扬向上。

当然，在努力的过程中，很多时候我们并不知道自己距离成功还有多远，既然如此，就要调整好心态，始终坚持不懈。成功也许还很遥远，也许就在转角处等着我们，总之，不管成功是远还是近，我们都要全力以赴做到最好，不到最后的时刻绝不随随便便放弃。很多人都会抱怨命运不公，因为，他们觉得自己已经付出了很多，也坚持了很久，却没有获得预期的效果。实际上，这不是因为命运不公，而只能说明他们努力的程度还不够，坚持的时间也不足。在这种情况下，必然要加倍努力，以更强的毅

力始终坚持，才能守得云开见月明。在这个世界上，从未有一蹴而就的成功，也不可能有天上掉馅饼的好事情。尽管努力了未必会有收获，但是不努力就会彻底没有收获，与其白白浪费宝贵的时间和生命，不如最大限度调整好自己，有的放矢地在生命的历程中折腾、奋斗、拼搏、向上。这才是最重要的，才会给予我们更多的未来和成功的希望。

傍晚时分，林强在小区里散步，他看到在空旷的草地上，有个男孩正在拿着弹弓打不远处的一个酒瓶子。林强饶有兴致地站在男孩身后看了一小会儿，发现男孩打得很差，每次都偏离瓶子很远，导致作为旁观者的林强都看不下去了，主动提出："小朋友，我教你打，好不好？"这个时候，男孩循声回过头，眼神非常空洞，毫无神采。林强看到男孩的眼睛，不由得呆住了，这个时候，在一旁的男孩妈妈说："谢谢你，他看不见。"一股莫名的悲哀和凄凉从林强的心中升起起来，他很抱歉，满怀歉意对妈妈说："对不起，我不知道……那么……他其实不太适合这项游戏。"妈妈说："他听到其他小朋友玩，他也想玩。我就带他来玩，只要坚持打，总是能打到的。"

林强发现，每次没打中，妈妈都会告诉男孩应该往哪边移动，男孩就会调整自己的位置，继续打瓶子。如果移动得不够，他就继续调整位置，如果移动得过了，他就会再移动回来一些。就这样，天色渐渐晚了，男孩明显累了，但是他没有放弃，继续从妈妈手中接过小石子，朝着瓶子所在的方向射击。林强受到震撼，一直在旁边看着，又过去很长时间，男孩终于击中瓶子，听到了瓶子碎裂的清脆声音。男孩高兴得一蹦三尺高，妈妈也激动得热泪盈眶，林强感动地说："只要坚持，一定能成功，小朋友，谢谢你教会我这个道理。"原来，林强这段时间因为在工作上很不顺利，正在动摇，想要换工作呢！看到男孩这么努力，绝不放弃，他深深受到鼓舞，决定也要向男孩学习，坚持笑到最后，笑得最好。

在生命的历程中，每个人都会经历各种各样的坎坷挫折，如果被小小的困难吓倒，不能继续努力，那就会彻底与成功绝缘。反之，如果在面对困难的时候能够鼓起勇气，相信自己只要不停地尝试，决不放弃，就总能获得成功，那么就终有一日会看到成功的曙光，也会坚持到成功到来。

要想获得成功当然不容易，哪怕只是小小的成功，也需要我们始终坚持不懈，奋勇向前。既然如此，就不要奢望不劳而获，而应在追求成功之前就做好准备，从容迎接各种坎坷挫折和磨难的到来。唯有如此，我们才能在成长的道路上坚持不懈地前进，才能冲破层层迷雾看到充满光明的未来。当把坚持变成习惯时，我们就会从坚持中获得更强大的力量，成功自然水到渠成，挡都挡不住。

每一件小事情都需要用心坚持

有人说，一个人做一件惊天动地的好事情并不难，难的是一辈子都坚持做好点点滴滴的小事情，坚持帮助他人，乐于贡献。由此可见，坚持是一件难度很大的事情，和一次性的付出相比，坚持更需要付出恒心、耐力和毅力。若做事时总是轻而易举放弃，则永远也不可能获得成功。

很多人对于那些不值一提的小事情总是不以为然，觉得做那些事情并不需要付出太多的努力和坚持，也不需要付出太多的时间和精力。的确，也许做一件小事很容易，但是，在漫长的时间里坚持做好每一件小事情，则很难。尤其是需要在漫长的人生中一如既往，则更加考验人的意志力。

人生，从来不是百米冲刺，而是漫长的马拉松长跑。要想在马拉松中

获胜，最重要的不是在发令枪响那一刻爆发出来的力量，而是在奔跑过程中的坚持不懈。为此有人说，马拉松需要的是耐力和韧性，也需要强大体力的支持才能获得源源不断的动力与能量。每当感到精疲力竭、不想继续做某件事情的时候，有些人会找出很多的理由作为放弃的借口，而有些人越是在这种艰难的时刻，越是坚持不懈，有恒心有毅力，直到真正突破和超越自我，变得更加强大。

俗话说，几十年如一日，听起来这句话轻飘飘的，实际上这句话却有着非常沉重的分量。哪怕是一件小事情坚持几十年，始终如第一天去做那样用心专注，也是很了不起的壮举。为此，成功意味着更多一份坚持，意味着在艰难的时刻决不放弃的决心，意味着内心的希望，意味着不灭的人生之光。很多时候，我们以为自己不能做到，无法继续下去，实际上这只是我们的感受而已。只要我们继续坚持决不放弃，只要我们踌躇满志地前行，在生命的历程中大步流星向前，最终我们就能够走出人生的泥沼，到达人生中更美好的境地。

苏格拉底是古希腊大名鼎鼎的哲学家，很多人都拜苏格拉底为师，学习哲学。有一天，苏格拉底对学生们说："今天，大家要做一件事情，很简单，那就是把胳膊往前甩，再往后甩，每次往前在往后是一组动作，做一百组。"学生们窃窃私语："这也太简单了，小孩子都会做，没有任何难度。"在学生们兴高采烈地做完动作之后，苏格拉底说："这的确很简单，不过你们从现在开始要每天坚持做。"学生们都觉得，哪怕每天只挤出几分钟的时间来，也能完成任务，都马上答应了苏格拉底。然而，一个月之后，苏格拉底问还有多少学生在坚持做甩手动作，只有十几个同学举起手。等到半年之后，只有几个同学举起手。一年之后，全班几十个同学中，只有柏拉图一个人还在坚持做。最终，在众多的学生中，柏拉图脱颖而出，也成为伟大的哲学家。

从这个故事可以看出，即使再简单的事情，如果必须坚持去做，也是很难的。就像苏格拉底让学生们做的甩手动作，乍看起来很简单，只需要花费几分钟的时间，但是，日久天长，能够坚持的人则很少。

再长的路，也要用脚一步一步去丈量；再高的山峰，也要靠着努力攀登才能不断向上。作为男孩，正处于成长的关键时期，一定会遇到各种困难，越是在艰难的时刻越是要不放松，努力向上向前，才能最终熬过去，获得柳暗花明又一村的豁达和惊喜。很多事情，愿意做是一回事情，能够坚持做又是另外一回事情。即便做好一件小事只需要付出很少的时间和精力，我们也要督促自己坚持下去，否则，一件小事情都做不好、坚持不下去，还如何能够把重要的事情做好，并始终不遗余力地坚持下去呢？古今中外，无数成功者都有自己的成功经验可以传授，虽然他们成功的原因各不相同，但是他们都有一个共同点，那就是能够坚持。所谓成功，就是坚持到最后一刻，所谓成功，就是不离不弃，也绝不撒手。男孩们，当你们有这样的勇气和顽强的毅力时，你们就会距离成功越来越近，也会在人生中有更好的表现。

意志力是对抗打击的法宝

人人都希望岁月静好，一切都顺遂如意，然而偏偏命运总爱捉弄人，常常会给人带来沉重的打击，也会让人觉得无力面对残酷的现实。正因为如此，人们才说人生不如意十之八九，这句话也告诫我们，要从容面对和接纳人生的不如意，而不要总是觉得人生困难重重，甚至因此而主动放弃

努力。

　　不可否认，人生中的很多意外和突如其来的打击的确常常使人觉得无法面对，甚至会给人带来致命的伤害。然而，只要一息尚存，放弃生命就是弱者所为，越是在艰难坎坷面前，我们越是要表现出顽强不屈的意志力，这样才能积极地对抗打击，才能让自己在人生的道路上始终奋勇向前，既不惧怕，也不后悔。人们常说，困难像弹簧，你强它就弱，你弱它就强。虽然沉重的打击给我们带来的伤害远远超过普通的困难，但是，面对打击，我们依然要顽强，绝不屈服，这样才能让自己藐视一切，勇敢坚强地傲然挺立。否则，自己就先缴械投降了，还如何能够在苦难这所学校里毕业呢！

　　古今中外，有很多伟大的人在沉重的打击面前从未放弃过，而是始终坚持，所以才能在人生中崛起，有了更好的人生表现。例如，中国古代的司马迁，身陷囹圄，遭遇宫刑，身心都受到沉重打击，却依然坚持完成《史记》的创作。韩信是刘备的得力助手，在年轻的时候，韩信不务正业，每天都游手好闲，最终被屠夫挑衅，承受胯下之辱。他没有选择和屠夫拼命，而是暗暗下定决心一定要出人头地，因此才能成就伟大的事业。在西方国家，霍金虽然瘫痪在轮椅上，却为科学事业的发展作出了巨大的贡献。他们都是有着顽强意志力的人，所以才能在与命运博弈的过程中始终坚持不懈，勇往直前，最终到达人生的巅峰，做出伟大的成就。这些都是坚持的力量铸就的辉煌，也告诉我们，坚持与命运博弈，才能获得最终的成功。

　　很多人都喜欢听贝多芬的作品，觉得贝多芬的音乐作品中呈现出雄浑力量。然而，很多人都不知道，这样积极且充满力量的贝多芬，他自身的命运坎坷崎岖，饱尝磨难和备受打击。在事业的巅峰期，贝多芬患上了严重的耳炎，导致耳朵失去听力。众所周知，搞音乐的人必须有着敏锐的听力，由此可见，命运对于贝多芬非常残酷，给予贝多芬的打击也很沉重。

一开始，贝多芬无法接受自己失聪的打击，才32岁的他想到了死亡，甚至给弟弟留下遗嘱。然而，他实在太热爱音乐，也太想把自己宝贵的生命贡献给伟大的艺术事业。既然不能演奏钢琴，他开始进行音乐创作——作曲。然而，作曲也需要倾听，为了更好地感受旋律和节奏，他想出一个好办法，即通过一个小木棍，把自己的牙齿和钢琴的琴箱联系起来，这样就可以更好地感受音乐，感受节奏和韵律。贝多芬正是这样始终顽强地抗击命运，并创作出很多优秀的音乐作品，给世人带来了震撼心灵的力量！

一个人热爱音乐，愿意献身于音乐事业，却失去了听力，只能活在无声的世界里，不得不说命运对其非常残酷。这就像是一个人热爱绘画和摄影，命运却让他失去视力、目不能视一样，会摧毁他的意志力，让他失去对于生命的希望。如果一个人不够坚强，轻而易举地被这些挫折和磨难打倒，那么他就会失去人生的力量，只能被命运玩弄于股掌。为此，我们一定要振奋信心，对人生充满希望，始终都拼尽全力奋发向上，这样才能发挥自己的聪明才智，激发自己的所有潜能，从而走向成功。

男孩更应该有着顽强的意志力，而不要总是畏缩胆怯，否则，非但不能承受沉重的打击，而且会在略微有不如意的时候就颓废沮丧，轻易放弃。意志力是人生的脊梁，支撑着人们在很多艰难的困境里始终保持昂扬向上的精神，并拥有源源不竭的动力。为此，男孩不但要身强体壮，而且要有精神的脊梁，才能在面对人生中各种糟糕境遇的时候始终保持昂首挺胸的姿态，从不屈服，更不放弃。

不积跬步无以至千里

现实生活中，有些任务看起来非常艰巨，让人感受到沉重的压力，甚至觉得自己根本无法完成任务。最终，有些人选择了还没有开始做就放弃，使得人生陷入被动的局面之中无法自拔，彻底失去了成功的希望和可能性。不得不说，他们不是被困难打败的，而是被自己吓倒的。如果能够增强自信，并相信自己只要坚持去做就能完成很多艰巨的任务，那么他们就会不遗余力、按部就班地去做，做着做着，就在不知不觉之间完成了任务，也证明了自己的实力，从而找到自信。俗话说，不积跬步无以至千里，不积小流无以成江海，正是这个道理。

在这个世界上，没有人不能到达的山峰，即使是世界最高峰珠穆朗玛峰，也经常有登山者登顶。因此，无论目的地有多远，只要我们坚持用脚步去丈量，就总有一天能够抵达目的地，看到自己想看的风景。男孩的人生才刚刚拉开序幕，在未来还需要独立去走完很多的道路，完成很多的艰巨任务，为此从小就要培养自己坚持不懈的韧性和毅力，这样才能稳定地向前，在成长的道路上坚持进取。还记得乌龟和兔子赛跑的故事吗？虽然乌龟跑得没有兔子快，但是，不管是在兔子飞速往前蹿的时候，还是在兔子停下来休息的时候，乌龟都在努力地一步一步往前爬。谁能相信，实力悬殊的乌龟和兔子比赛的结局大反转，乌龟最终获得了成功，第一个到达终点。

很多人都知道埃及的金字塔是世界的奇迹，很多人甚至猜测金字塔是由外星人建成的，因为，在当时落后的条件下，要想建成金字塔简直难于登天。其实，金字塔不但是人类的奇迹，也是动物界的奇迹。据说，在大自然的所有动物之中，唯有两种动物能够攀登到金字塔的尖部，一种动物是苍鹰，另一种动物是蜗牛。苍鹰能够飞到金字塔的尖部，这是很多人都能够理解的，毕竟苍鹰可以飞得很高。但是，蜗牛是如何做到的呢？众所周知，蜗牛爬行的速度非常慢，要想登上金字塔的尖部，简直难于登天。但是蜗牛有一个很多动物都不具备的优点，那就是它很善于坚持。虽然它爬行很慢，但是它始终在努力向上，绝不放弃。最终，蜗牛爬上了金字塔的尖部，这是毅力创造的奇迹。由此可见，很多艰巨的任务看起来无法完成，实际上，只要我们始终保持匀速前进，最终就能够到达成功的彼岸。不仅在动物界如此，在人类社会中也同样如此。

男孩有着雄心壮志和远大理想固然很好，却也不要忘记坚持。唯有始终努力坚持，做好点点滴滴的小事情，才能积少成多，聚沙成塔，把每件事情都坚持做到最后，做到最好，这样一来，创造奇迹也不再是痴人说梦。很多男孩都看过老式的座钟，这种座钟每走一秒，钟摆就要摇摆一下。按照一个座钟的寿命为10年计算，座钟一生之中要摇摆的次数一定会让人感到难以置信。而实际上，当座钟日复一日、年复一年地坚持工作时，它只需要把每天该做的事情做好，在每一秒钟都摇摆一下钟摆，不知不觉间就走过了漫长的岁月，也坚持做好了该做的所有事情。做人也是如此，不要因为山高路远就被吓倒，其实，再艰巨的任务也是由很多细小琐碎的任务组成的，就像建造宇宙飞船是很难的，但是只有从一颗颗螺丝开始做起，最终一定能制成飞天的神器。若因为建造宇宙飞船的庞大工程而被吓住，任何时候都不敢当机立断开始去做，则最终只会一事无成。

记住，每个闹钟每一秒只需要摆动一下，你每个时刻里也只需要做好手中的事情，至于最终会有多大的成就，完全取决于你此刻能否全神贯注去做。为此，与其因为恐惧和担忧而浪费宝贵的时间，不如从现在开始当机立断、立即去做，这样一步一个脚印，扎扎实实地向前，从容地做好

该做的事情，一定能有所成就。

梦想距离我们并不遥远，甚至成功与失败之间也只差又一次摇摆。从现在开始，不要好高骛远，也不要被那些艰难坎坷所吓住，而是要振奋精神，全力以赴做好手里的事情，水来土掩，兵来将挡，这样一来，你就会在不知不觉之间成功地战胜困厄，走出逆境，让人生绚烂绽放。

假装强大，就会真的变强大

很多心理学家都认为，人的行为会受心理状态的影响。其实，这个道理反过来说也同样成立，事实证明，当行为改变时，也会影响人的心理和情绪状态。原来，行为与情绪、心理之间的关系不是单方向的，而是相互影响，也会产生互动。自从有了这个理论的指导，很多心理学家就开始主张人们在情绪郁闷的时候可以假装高兴。听起来这似乎有些自欺欺人的意味，真相却是，当我们假装高兴，做出一些能够调动情绪的行为时，心情就会真的变好，也会符合我们的预期。

同样的道理，在感到脆弱和无助的时候，假装强大，也能变得强大。实际上，对于同样的际遇，不同的人会有不同的反应。更进一步来说，即使是同一个人，在面对相同的际遇时，也会因为心理状态不同而有不同的反应。很多喜欢看武侠小说的人都知道，很多武林高手都有出神入化的招术，而越是武功修为高，他们的招术越是简单拙朴，看似平常无奇，实际上是在以不变应付万变。在人生之中，每个人都会经历各种各样的际遇，与其被生活追赶着疲于应付，不如修炼好自己的内心，让自己做到从容应对，无所畏惧。要想做到这一点，有强大的内心和稳定的心态，至关重要。

当然，人并非生而强大，男孩还没有真正成熟，为此难免会表现出脆弱的一面。越是如此，越是应该假装强大，当假装的次数多了，男孩就会情不自禁地做出相应的举动，也就会真的变得强大起来。从这个意义上说，强大是一种习惯，可以帮助我们应对人生中的很多突发情况。

最近，瑞昱遇到了一些难题，他在学校里被同学指责为小偷，实际上瑞昱真的没有偷东西，他也不知道同桌的东西为何到了自己的书包里。看着同桌从自己书包里搜出来丢失的文具，瑞昱简直百口莫辩。为此，他非常苦恼，甚至开始抵触上学。

妈妈很想帮助瑞昱，却没有好办法。为此，除了安慰瑞昱之外，妈妈索性告诉瑞昱："别管别人说什么，只要一如既往地做自己该做的事情，时间会给出你最好的解答。"瑞昱暂时也没有更好的办法，只好按照妈妈说的去做：假装强大，一如既往地笑着，就像什么事情都没有发生一样和同学们相处。一开始，瑞昱伪装得很辛苦，渐渐地，瑞昱真的觉得那件事情没什么，只是被误解而已，也就释然了。就这样，瑞昱变得更加乐观开朗，那些熟悉和了解瑞昱的同学，都表示愿意相信瑞昱。最终，瑞昱不但渡过了危机，还收获了好人缘呢！

有的时候，我们的确会遇到百口莫辩、越描越黑的情况，既然如此，就不要总是让自己陷入糟糕的情绪之中无法自拔，而应假装坚强，这样才能让自己做出理性的言行举止，并渐渐真的坚强起来。人固然要以真面目示人，但是，很多时候，真面目未必就是最好的面目。适当地伪装自己，让自己看起来更加强大，又有什么不好呢？最重要的在于，我们必须学会调整情绪，也要学会激励和鼓舞自己。

每个男孩在成长过程中都会遇到各种坎坷困境，如果不能承受任何打击，常常一蹶不振，则会导致情绪更加消沉低落。正如人们常说的，心若

改变，世界也随之改变，有的时候心态的确会起到很大的决定作用。既然如此，就让我们有的放矢地做好该做的事情，对于任何艰难的处境都不抛弃不放弃也不逃避，而是端正态度，勇往直前，从而不断地增强自己的心理承受能力，也让自己变得日渐强大和无所畏惧。还需要注意的是，人生中有很多事情都是需要我们全力以赴做到最好的，在该付出的时候一定不要迟疑，就像一首歌里唱到的那样，该出手时就出手。好机会千载难逢，只有强大的你才能给人留下好印象，才能以强大的力量赢得更多的机会。

有希望，才能坚持奋斗

有人说，人生是一场旅程，没有人知道目的地在哪里，每个人都想在旅程中看到更多美丽的风景。的确，人生最重要的是过程，而不是结果，而且生命总是无常，既然每个人都不知道生命到底会有多长，那么就要努力拓展人生的宽度，让人生变得充实且精彩。当然，走好人生之路并非简单容易的事情，人生中不但有各种不如意，也会常常受到突然的打击，使人感到猝不及防。其实，疲于应付人生是不可取的，真正明智的人会选择以不变应万变，从而在人生之中获得更多的收获，也更加认真用心地感悟和体验。

很多人每当要旅行的时候，都会为自己准备很多随身用品，为此会有很多的行李。既然人生也是旅程，那么当然会有行李。有些人背负着沉重的行李让旅程变得越来越沉重和艰难，有些人却始终都能做到轻装上阵，在旅程中步履轻盈，也有更多的时间和精力去欣赏美景，还能收获好心情。你呢，选择前一种人生，还是后一种人生？只要理性地进行选择，大家当然都会选择后者，而在实际生活中，有太多人被人生的行李所拖累，甚至走不动道，只能气喘吁吁地停留在当地。要想让人生的行程轻松，就要学会舍弃。有人说，人生就是一路奔忙和舍弃，告别那些不值得留恋的人和事情，并学会遗忘。的确如此。每个人的身后都有一个背篓，如果把所经历的一切都放在背篓里背着，负重前行，则一定会让自己不堪重负。明智的朋友会适时地清空背篓，只留下最重要的。

说起人生中最重要的行李，到底是什么呢？每个人都有不同的标准，所以，每个人背篓中所留下的东西具体是什么，到底有多少，都是不同的。对于每一个人而言，有一件东西不管生活多么艰难，都不应该放弃，那就是希望。希望，是人心底里的光，让人在眼前一片黑暗的时候并不觉得前途茫然；也是人心底里的种子，人在感到旅途枯燥乏味的时候，可以把种子种下，守着种子，等待它生根发芽，开花结果。如果没有希望，人生就会瞬间变得干瘪，在艰难的时刻也就无法获得坚持的力量。由此可见，希望对于人生至关重要，永远都要留在人生的行李包中，绝不能轻易放弃。

很久以前，有个少年知道在瑞士有一座美丽的大山，叫阿尔卑斯山。少年梦想着能够有机会去瑞士，亲自登上阿尔卑斯山。他平日里很喜欢爬家后面的小山包，每次爬到山顶都会觉得气喘吁吁。在少年心里，觉得阿尔卑斯山虽然高大，肯定不会比小山包高出多少，否则还有谁能爬上去呢？终于有一天，少年有机会来到瑞士，站在阿尔卑斯山的山脚下。看着巍峨的高山，少年感到十分震惊，这座山可比家后面的山高大几十倍，如何能爬上去呢？少年心中打起小鼓：要不就站在山脚下看看这秀美的景色吧，毕竟我真的来过了，也算实现了梦想！

正在少年犹豫和畏缩的时候，同行的老人已经开始登山。看着老人

满头白发，步履蹒跚，但是每走一步都非常坚定，少年受到鼓舞，也下定决心开始爬山。山的确很高，在费力攀爬的过程中，少年不止一次想到放弃。但是每当看到老人始终在他的前面努力攀登，少年就忍不住激励自己："只要坚持，就总能到达顶峰，老人都能做到的事情，我难道做不到吗？我可是身强体壮的年轻人啊！"就这样，少年以老人作为榜样，始终跟在老人身上爬山，内心充满希望："只要一步一步往上爬，我总能到达山顶。"最终，少年到达了阿尔卑斯山的顶峰，他站在高高的山巅上一览众山小，觉得心情舒畅，也很庆幸自己没有放弃登山。

山脚下的景色固然很美，但是如果不拼尽全力向上攀登，就只能看到小家碧玉式的美丽。这样的美，与到达山顶站在高处远眺看到的壮观景色是截然不同的。一个人如果不曾真正到达山顶，就无法领略优美的景色，更不可能有辽阔的胸怀和伟大的志向。为此，任何时候都不要轻易放弃努力，而要不断地激励自己努力向前，在任何艰难的处境下都绝不放弃，这样才能最终到达巅峰，创造奇迹。

男孩一定要有希望，只要心中希望长存，希望之灯始终保持明亮，男孩即使深陷黑暗之中，也总是能够点燃自己的心灯，始终都朝着人生的目的地前行。希望，即使再疲惫，也不要放弃。因为只有希望才能带着我们穿越重重迷雾，也只有希望才能帮助我们驱散寒冷，更多地感受温暖。

第 11 章

做一个珍惜时间的人，把握好生命中的每一分钟

时间是组成生命的材料，浪费别人的时间无异于谋财害命，浪费自己的时间则等于慢性自杀。大文豪鲁迅先生说，时间就像海绵里的水，只要愿意挤，总还是有的。为此，不要再让时间悄然流逝，而要珍惜和把握时间，这样才能把握生命中的每一分钟，让自己的人生变得更加充实精彩。虽然男孩还小，但是时间一直在以让我们应接不暇的速度飞速向前，为此，男孩要珍惜时间，珍惜生命的好时光！

时间是组成生命的材料

古今中外，很多名人都非常重视和珍惜时间，也写了很多有关于时间的格言警句，目的就在于提醒人们意识到时间的重要性，并真正能够做到珍惜时间。文学家朱自清在散文《匆匆》里写道："燕子去了，有再来的时候；杨柳枯了，有再青的时候；桃花谢了，有再开的时候。但是，聪明的，你告诉我，我们的日子为什么一去不复返呢……"的确，一个人即使再聪明，也根本无法回答这个问题，时间如同流水一去不返，青春也随着时间一去不返。所以，不管是谁，都不要觉得时间是可以肆意挥霍和浪费的，而应始终绷紧珍惜时间的弦，这样才能用心地感受时间的流逝，做到把握时间，合理且充分地利用生命中的每一分钟。

有很多孩子都觉得自己还小，还有很多的时间和机会去认真学习，所以哪怕现在不那么珍惜时间也没有关系。其实这样的想法完全是错误的，因为时间正在以比我们预期更快的速度一直向前，向前，再也没有折返的可能。还有一些年轻人叫嚣着年轻就是资本，为此肆意挥霍青春，从来不知珍惜青春的时光，却在不知不觉间两鬓斑白，这时才恍然醒悟，原来自己被时间远远地甩下了。当然，人生何时开始都不算晚。在美国，摩西奶奶七十多岁高龄才拿起画笔，后来还开办画展，成为举世闻名的画家。所以，不管现在人生几何，都要珍惜时间，都要把时间视为人生中最宝贵的材料。古往今来，很多伟大的人物之所以能够做出了不起的成就，就是因

为他们珍惜时间，总是争分夺秒地做自己想做的事情，而从不懈怠，更不会平白无故地浪费时间。为此，他们尽管和大多数人一样只拥有一辈子，却凭着努力勤奋活出了几辈子的价值。男孩们，一定要珍惜时间，这样才能最大限度发挥生命的价值，让生命绽放光彩。

很多人都喜欢看大文豪巴尔扎克的作品，而很少有人知道巴尔扎克是一个笔不辍耕、非常勤奋的大作家。他喜欢在夜深人静的时候工作，为此，每当到了深夜12点，整个城市的光亮都熄灭，巴尔扎克却点亮自己的蜡烛，开始伏案疾书。他常常工作到天亮，才会起身为自己冲泡一杯浓咖啡，之后继续写到8点钟，再洗澡，然后处理日常工作，与出版商洽谈，与印刷商确定各种烦琐的事务。等到9点多，他会继续回到办公室写作，对那些不满意的段落进行修改，或者彻底删除重新创作。这又是一项繁杂的工作，对于文学有着极高追求的巴尔扎克，必须把文章修改到能让自己满意为止。他往往要工作到傍晚5点钟，才有时间休息片刻。等到夜幕降临，他上床睡三四个小时，又会在凌晨12点准时开始伏案疾书。

仅仅看看巴尔扎克的工作时间有多么长，我们就该知道"一分辛苦一分才"的古训是很有道理的。在这个世界上，没有人可以一蹴而就获得成功，也没有人可以平白无故得到免费的午餐。只有不断地激励自己努力向上，一刻也不懈怠，争分夺秒地活好生命中的每一分钟，我们才能真正创造生命的奇迹，并在人生之中收获满满。

巴尔扎克的努力并非只是一时，而是在漫长的岁月里始终这样坚持。正是因为如此，他才能创作大量优秀的作品，成为不折不扣的大文豪。现实生活中，很多人对于人生存在误解，觉得所谓成功就是赚取大量金钱，获得名利权势，或者在独特的领域里作出贡献，他们还觉得这些成功是各种因素综合作用的结果。的确，成功离不开各种因素的综合作用，但是一切的成功都离不开一个因素，那就是时间。所谓成功，是各种努力与付出和时间综合起来产生作用的结果。为此，我们必须非常珍惜时间，才能具有更多成功的可能性，才能让成功的机会更大。有人说，把时间用在哪里，哪里就会开花。的确如此，只要珍惜时间，提升时间的效率，时间总不会辜负我们，也不会亏待我们。男孩们，从现在就开始珍惜时间吧，当看到时间开花结果时，你会知道自己的一切付出和坚持都是值得的，也是生命中不可或缺的。

一分钟可以做什么

很多男孩都只知珍惜大段的时间，因为他们认为只有大段的时间才可以用来做很多重要的事情，如学习、完成作业、玩游戏、看电影等。为此，他们只珍惜大段的时间，而对于那些零碎的时间，他们总是不以为然，觉得短暂的时间不值得珍惜。然而，生活中总有些零碎的时间存在，例如，上学路上等公交车的几分钟或者十几分钟，在中午等着吃饭的时间里，在下午放学后打扫卫生的间隙中，或者是周末去理发店排队理发的时间。这些时间都属于零碎的时间，把它们分开来看，似乎每段时间都非常短暂，干不了什么大事情。但是如果把一天中零碎的时间都集中起来，就会发现这些时间庞大得惊人，甚至能够达到一两个小时之多。众多周知，人每天有24个小时，完成吃喝拉撒等基本的生理行动就大概要花费12个小时，因此，剩下来的12个小时就显得弥足珍贵，而在这12个小时中，那些零碎时间所占用的比例还是很大的。为此，不要觉得零碎的时间无所谓，任由它们悄然流逝。只要能够合理利用这些时间，让它们发挥最大效用，就能收到很好的效果。

也许有些男孩会说，一分钟太短暂了，做不了什么事情。其实，一分钟能干的事情很多。在整个宇宙中，人类的寿命非常短暂，每个人更是沧海一粟，但是人人都活得很开心，而且能在人生中做出很多有意义的事情。同样的道理，一分钟也很有意义，如果能够运用好每一分钟，就可以做好更多的事情。当然，一分钟的确短暂，为此，在合理利用一分钟的时候，要选择做适宜的事情。例如，一分钟不适合用于思考数学题，因为思路需要连贯，却可以用来熟悉和记忆一个单词。一分钟不适合进行写作，却可以进行构思。一分钟不能用来长篇大论，却可以说几句简单的话。要想把一分钟的最大效用发挥出来，就不要做不合时宜的事情，而要做那些不会花费长久时间的事情，这样，一分钟才是有意义的。

最近，乐乐的英语学习遇到障碍，因为他所认识和记忆的英语单词很少，所以，随着英语学习的难度提升，在做题目的时候，他常常会遇到不认识的单词，也就无法顺利完成题目。为此，乐乐的英语成绩出现波动，从老师那里了解原因之后，妈妈要求乐乐必须准备一个英语生词本，专门用于整理平日学习中遇到的生词。对此，乐乐很乐于去做，但是，后来妈妈又发现一个问题，那就是乐乐在把陌生单词记到本子上之后，并没有用心去记。妈妈要求乐乐把单词记住，乐乐抱怨道："哪里有时间记啊，每天老师都会布置很多的作业。"

看着乐乐晚上完成作业到八九点钟，妈妈知道作业的确很多。为此，她建议乐乐："只顾着写作业，而不记忆单词，学习就会事倍功半。其实，记忆英语单词不需要占用写作业的时间，在很多零碎的时间里就可以做到。例如，每天等公交车短则几分钟，长则十几分钟；中午吃饭的时候，等着饭菜上桌也需要几分钟的时间，此外，中午在学校午休的时候，也不是每一分钟都在休息。只要把这些零碎的时间用于记英语单词，就会有很好的效果。而且，记忆英语单词正好可以利用零碎的时间，因为每个单词都是独立的，可以用几分钟时间记忆一个单词，也可以用十几分钟的时间多记忆几个单词，这些都是可以灵活选择的。为此，千万不要觉得这些时间没关系，所谓积少成多，只要能把这些时间整合起来利用好，效果就会很惊人。你可以先坚持一段时间试试，效果会给你最好的回答。"听了妈妈的话，乐乐觉得很有道理。虽然要养成利用零碎时间的好习惯并不容易，但是他依然坚持去做。果然，他认识的单词越来越多，英语学习也更加高效。

零碎的时间虽然不能用来做重要的大事情，却可以用来做零碎的小事情。为此，我们要把零碎的时间整合起来利用，也要选择在正确的时间里做正确的事情。如果能把零碎的小事情用零碎的时间都完成好，那么就可以用大段的重要时间做重要的事情，这样一来也就大大提升了时间的利用率，让时间的效用更高。

古今中外，很多伟大的人物之所以能够做出了不起的成就，就是因为他们很善于利用时间，和其他人相比，他们甚至能在同样的时间里做好双倍的事情。作为男孩，如果我们也能利用好时间，提高时间的效率，则未来一定会有更好的发展和成就。总而言之，再短暂的时间都是组成生命的材料，都是值得我们去珍惜和好好利用的。

现实生活中，常常有人抱怨时间不够用，其实在这个世界上唯一对每个人都公平的就是时间。时间从来不会给每个人多一分，也不会对每个人少一秒。不管是年轻还是年老，也不管是有至高的地位还是穷困潦倒，时间给人们的都一样。有人说，人生是一场未知的旅程，因为没有人知道自己的生命将会在何时戛然而止。既然我们无法掌握和决定人生的长度，就要尽量拓展人生的宽度，让人生变得充实有意义。要想做到这一点，就要好好利用时间，让有限的生命无限精彩。

时光如逝，人生如白驹过隙

记得王菲有一首歌，名字叫《流年》。年少时听到这首歌还没有太深刻的感悟，随着时光的流逝一天天成长起来后，尤其是人到中年，再听到这首歌一定会感慨万千。年少时，总觉得有太多的时间用都用不完，而等到有朝一日时间飞逝，青春不再，就会恨时间过得太快，也会抱怨时光如逝。

时间，总是以比我们预期更快的速度飞速向前。男孩们，不要等到青春逝去再无限懊悔，而要更加有的放矢地努力向前，这样才能真正把握住生命，跟随生命的脚步飞驰。在有时间的时候如果不去珍惜，等到有朝一日时光不再，一天一天地走向老迈，我们不但会感慨时间飞逝，也会感慨人生如同白驹过隙。人生一世，如同沧海一粟，甚至整个人类的历史在全宇宙面前也是不值一提的。既然如此，就不要再白白浪费宝贵的时间，更不要让时间如同流水般逝去。

古今中外，无数成功者各自有各自成功的理由，但是他们都有一个共同点，那就是非常珍惜时间。每一个成功者都是珍惜时间的典范，每一个浪费时间的人都是自己的罪人，也是在无形中流放自己的生命。男孩们，从现在开始就树立珍惜时间的意识、养成珍惜时间的习惯吧，否则，逝者如斯夫，不舍昼夜，时间更是一去不返。切勿觉得自己年纪还小，有很多的时间去努力。任何伟大的事业都需要以时间为载体去打造，时间不在，有再多的资源都是毫无意义的。

发明家爱迪生的大名尽人皆知，但很少有人知道，爱迪生因为家境贫困，小时候只在学校里度过了3个月的学习时光，后来，他就在家里在母亲的教授下学习知识，渐渐地培养了自学的能力，且总是发愤图强，刻苦钻研。

爱迪生的好奇心非常强烈，不管做什么事情，他都喜欢亲自尝试，弄明白其中的道理。正是凭着这样的钻研精神，爱迪生才能在科学的道路上越走越远，最终做出了不起的成就。每当有了新的设想或者新发现，爱迪生从不拖延，总是第一时间就去实践和验证。在日常的科学研究工作中，他要求助手也要珍惜时间，从而用更少的时间做更多的事情。有一次，爱迪生安排助手测量一个玻璃灯泡的容量，助手没有想到好办法，又因为灯泡是圆形的，为此只能先测量灯泡的周长，然后再以复杂的方法尝试着算出灯泡的容量。爱迪生等了一会儿没有得到助手的测量数据，便去查看助手的工作情况，看到助手很忙，却毫无收获，忍不住着急起来，他当即在灯泡里注满水，然后递给助手："把水倒入量杯中，告诉我灯泡的容量。"有了这个好办法，助手马上把灯泡的容量告诉爱迪生，也更加敬畏和佩服爱迪生。爱迪生说："这个测量方法不但准确，而且很便捷高效。你以后做事情可要多多动脑子，才能把事情做得又快又好。"助手连连点头，羞愧得脸都红了。

追求高效率，节省时间，并不意味着要以牺牲做事情的效果为代价。真正珍惜时间的人，能够花费最少的时间将事情做到最好，能够最大限度合理利用时间。爱迪生之所以能够成为伟大的科学家，就是因为他很善于利用时间，也能够把每一分每一秒的时间都用得恰到好处。

前文说过，时间是组成生命的材料，为此，珍惜时间也就是珍惜生命。男孩往往心思很粗，不像女孩那么细腻，但是，对于时间可粗不得，必须争分夺秒地利用好时间，这样才能发挥时间的最大效用，让时间为我们的人生增光添彩。大多数人的先天条件相差无几，有的人能够获得成功，是因为他善于利用时间，也很珍惜生命，而有的人失败，是因为他总是在无意之间浪费时间，任由时间偷偷溜走。同样是一天的时间，善于利用时间的人能做两天甚至三天的事情，而不善于利用时间的人却只能完成

原定任务的几分之一。不得不说，对于时间的把握和利用，会让人们的效率有几倍甚至十几倍的相差，为此，不同的人会有不同的贡献和收获也就可以理解了。

时间看不到摸不着，却陪伴着我们一生，是我们在生命历程中最宝贵且值得珍惜的财富。古人云，少壮不努力，老大徒伤悲。男孩正处于成长的关键时期，很多事情都还来得及去做好，为此一定要抓住分分秒秒的时间，让人生有更加精彩的绽放和呈现。莫等闲，白了少年头，如果不想让人生有这样的遗憾，就从现在开始开足马力，努力向前，就从现在开始在人生的道路上飞驰，距离远大的目标和理想越来越近。当你成为时间的主宰时，也就成了人生的驾驭者。

千金难买寸光阴

现代社会发展速度越来越快，人与人之间竞争的程度也日益激烈，尤其是在大城市，生活的节奏非常快，为此人人都展开了与时间的赛跑。相当多的年轻人为了赚取更多的金钱，得到职位的晋升，总是不愿意休息，每天都在连轴转，忙着工作，忙着学习。他们不知道，在这样的过程中，时间悄然流逝，他们根本没有机会去静下心来感受人生。他们虽然都是利用时间的标兵，却忽略了生命的需求。为此，近些年来常常有中年人猝死的事件发生。和他们恰恰相反，也有些年轻人丝毫不愿意努力，总是信奉车到山前必有路，结果就像寒号鸟一样被冻死在寒风中。所谓凡事皆有度，就是告诉我们做任何事情都要把握合理的限度，珍惜时间也是如此。毕竟整个人都要保持一种平衡，才能更好地发展，若盲目地把时间用于工作学习，而忽略了休息，就无法做到劳逸结合；或者一味地休息，不思进取，就会导致时间变得非常短暂，转瞬即逝，而人生却毫无收获。只有不断地坚持做好该做的事情，我们才能在生命的历程中不断地崛起，持续地进步，才能在未来有更好的成长和发展。

很多男孩无法意识到时间的重要性，总觉得自己有很多的时间，或者用于学习，或者用于玩耍。殊不知，时间不仅对于每个人都很公平，其本质也是非常残酷的。在生命即将结束的那一刻，即使有再多的金钱也买不来一天的时间。为此，合理利用时间不是不顾平衡地蛮干，或者浪费，或者过度利用时间，而是要想清楚自己想要怎样的人生，从而对于时间进行合理的规划和利用，这样才能面面俱到地兼顾学习、工作和生活，才能把该做的事情都做好，让时间发挥最大的效力。

很久以前，阿拉伯的一个村庄里，生活着一个大名鼎鼎的守财奴。这个人一生最爱钱，年轻的时候每天都在拼命挣钱，但是他并没有消费这些钱，而是过着非常清苦的生活，因为他把挣到的钱都积攒起来了。每天，他都会在夜深人静的时候把这些钱币拿出来数来数去，还常常要数好几遍。守财奴就这样穷尽一生，只挣钱，不花钱，等到老年的时候，积攒了很多的钱，他简直做梦都要笑醒。然而，有一天晚上，死神突然降临，对守财奴说："你的寿命已经到了，现在要跟我走。"直到此刻，守财奴才意识到自己一生辛苦和清贫，虽然有这么多钱，却从未好好享受过。他感到很惊恐，为此对死神说："你可以让我多活一年吗？我愿意给你一半的财富。"死神摇摇头，说："不行！"守财奴不甘心，继续和死神商量："那么，我愿意给你三分之二的财富，你可以给我留下半年的时间吗？我一生辛苦，还没有好好享受过生活呢！"死神依然拒绝。无奈，守财奴只好对死神说："我把所有的财富都给你，你可以再给我一天的时间吗？这么多

年来，我始终辛苦地耕作，都没有时间和家人一起吃一顿饭，我想和他们告别。"死神不由分说地把守财奴带走，守财奴连立下遗嘱的时间都没有。

次日，家人醒来，发现守财奴已经离开了人世，都伤心不已。

这个故事告诉我们，即使有再多的财富，也没有办法换来片刻时间。没有人知道人生何时戛然而止，为此，我们要做好人生中的很多事情，不能为了盲目追求身外之物就忽略最宝贵的生命，或因此而忽略家人。正如奥斯特洛夫斯基在《钢铁是怎样炼成的》中说，人最宝贵的是生命，生命对于每个人都只有一次。时间就是生命，一旦失去时间作为生命的载体，生命就会戛然而止。与其等到生命即将消逝再感到懊悔，突然顿悟自己真正需要的人生是怎样的，不如调整好心态，意识到时间的重要性，并真正做到合理安排和充分利用时间。

人，不是身外之物的奴隶，之所以追求身外之物，是为了提升生存的质量，让人生过得更加美好。所以任何时候都不要本末倒置，而应想清楚自己想要怎样的人生，这样才能在生命的历程中从容不迫，才能距离自己理想的生活越来越近。当然，也不要在人生之中总是抱怨、颓废沮丧。既然哭着也是一天，笑着也是一天，为何不能笑着度过人生中的每一天呢！生命不会重来，世界上也没有后悔药可以吃，此时此刻，不管我们正在经历着什么，都要珍惜宝贵的生命时光，都要让自己度过的每一分每一秒都充实精彩，富有意义。

时间就像海绵里的水

人人都知道时间是组成生命的材料，也都知道时间是非常宝贵的，是生命的载体。但是，在现实生活中，浪费时间的人很多，这是为什么呢？这与时间的特性密不可分——时间既看不见，也摸不着，而且时间的消逝往往是无声无息的，不会给人任何提示。为此，人们对于时间的感知很迟钝，就像人们从来意识不到空气对于生命的重要性一样，他们也不觉得时间是不可或缺的。正是在这样的心态之下，人们往往任由时间悄然流逝，而不能每时每刻都珍惜时间。在这样的不知不觉中，时间悄然流逝，生命也一闪而过，人生就这样走到了白发苍苍的暮年。等到此时，才感到懊悔，才想珍惜时间，遗憾的是可供我们的支配和使用的时间越来越短暂了。所以古人才说，一寸光阴一寸金，寸金难买寸光阴。男孩要想在有限的生命时光中做出成就，有更多的收获，就一定要珍惜时间，这样才能让时间慢一些流淌，缓缓地走过。

大文豪鲁迅先生是一个非常珍惜时间的人，所以他才能在一生之中著作颇丰，在文学史上留下浓墨重彩的一笔。鲁迅从小就很珍惜时间，因为父亲生病，才12岁的鲁迅必须肩负起照顾家庭的重任，为此，有的时候上学之前，他需要早早起床帮助母亲做家务，照顾两个年幼的弟弟，然后去当铺里当东西，再用当到的钱给父亲买药。如此一来，他上学就会迟到。为此，他在自己的课桌上刻了一个字——"早"，以提醒自己一定要更加争分夺秒，抓紧时间按时赶到学校。因为从小就习惯了挤时间一边读书一边做各种事情，所以鲁迅争分夺秒的能力很强，总是能够从原本就已经很紧凑的时间里再挤出来时间来读书、写字。

在一生之中，鲁迅涉猎的面很广，为此时间对于他而言更加紧迫。虽然总是贫病交加，生活捉襟见肘，但是鲁迅从未抱怨过，更没有因此而疏于写作。他常常会挑灯夜战，工作到深夜才能休息，这是因为他视时间为自己的生命，也不愿意浪费任何时间与人闲谈。鲁迅性情耿直，每当家里有

不速之客浪费他的时间时，他索性直接质问对方："你怎么又来了，难道没有更重要的事情需要做吗？"渐渐地，大家知道鲁迅的脾气秉性，也就减少了拜访鲁迅的次数，除非有重要的事情，否则不会耽搁鲁迅的宝贵时间。

不要觉得别人做出的一切成就都是因为命运眷顾，如果，你在玩耍的时候，别人在学习，你在发呆的时候，别人在钻研，你在闲谈的时候，别人在用心做学问，那么，就不要抱怨你的收获没有别人多。此外还要记住，时间就像是海绵里的水，挤一挤才会有。为此也不要抱怨自己总是有做不完的事情，先反省自己是否已经合理规划和利用时间，是否已经真的争分夺秒去努力把事情做好。如果你总是三心二意，从来不会专心致志，就不要抱怨命运不公，更不要抱怨自己没有好运气。要相信，勤能补拙是良训，一分辛苦一分才。任何时候，努力都比天赋更加重要。

有很多男孩不懂得如何充分高效地利用时间，为此在做很多事情的时候都没有收获，也都不能如愿以偿获得成功。实际上，勤奋固然重要，但是，掌握合适的方式方法、让勤奋更有效率更重要。具体而言，在日常的学习生活中，男孩首先要形成专注力，这样在做事情的时候才能避免如同小猫钓鱼一样三心二意。专注力可以提升单位时间内的效率，也就相当于变相延长了时间。其次，若男孩可以集中注意力把事情做好，就能节省时间，也就有更多的时间去做其他事情。在这样的争分夺秒之中，一天的时间就被延长，男孩当然可以做更多重要的事情，也就可以让自己有更好的人生表现。最后，要养成今日事今日毕的好习惯。很多男孩都有拖延症，拖延正是珍惜时间的大敌，只有戒掉拖延，才能提升做事情的效率，才能真正利用好时间。当然，每个人每天之中都有很多事情需要做，要想避免拖延，除了当机立断去做之外，还要按照轻重缓急对事情进行排序。很多时候，不是事情太多做不完，而是因为在做的过程中混乱无序，所以导致做事情总是漫不经心，也就无形中任由时间悄然流逝。若男孩对于每一分钟的消逝都是有感知的，做事情的效率就会更高，对于时间的把握也会更强。

实现时间的最大效用

很多人对于金钱、权力等的价值都有深刻的理解和认知，而对于时间的价值不以为然，无法认识到时间的重要意义和最大价值，所以对时间的流逝漫不经心，无形中就浪费了时间。实际上，在人生之中，对于每个人有着最重要意义的恰恰是时间。正如人们常说的，健康的身体是1，其他的一切都是0。在1后面，0才有意义，而如果没有1，0就会变得毫无意义。健康的身体是生命的基础，而时间则是生命的载体。为此我们也可以说，如果人生中没有时间，一切都会归于虚无。只有珍惜时间，实现时间的最大价值，我们才算是合理利用了生命中最宝贵的资源，才算是没有辜负生命。

时间可以帮助我们学习，反复记忆各种重要的知识，并理解和深化知识，从而在人生中有更好的表现。时间可以帮助我们工作，让我们证明自身的能力，实现自身的价值。时间还可以帮助我们在成长的道路上遇到更多的人，经历更多的事情，从而有更深的感悟，不断地成长。总而言之，时间对于人生至关重要，对于每个人来说都不可或缺。既然如此，你还敢浪费时间吗？不浪费时间有两层含义，从浅层次的含义来说，就是不要任由时间流逝自己却无所作为，从深层次的含义来说，即便已经利用时间来做很多事情，也要提升效率。只有同时做到这两点，才是合理利用时间，才是实现时间的最大效用。

很多人以为人生很长，其实人生很短暂，短暂到只有三天的时间，那

就是昨天、今天和明天。昨天已经过去，变成不可改变的历史，今天正在当下，是每个人都应该好好把握的，明天还未到来，所以没有必要为了明天而感到担忧和焦虑。在这三天之中，每个人真正拥有的只有今天。只有过好今天，才有无怨无悔的昨日，才有值得期待的明天。若失去了当下，则只会导致错过一切。为此，我们必须把握当下，也要对于每一个今天都进行合理安排和高效利用，这样才能让人生有更加绚烂精彩的绽放。

在大学课堂上，为了教会学生们如何合理且充分利用时间，老师拿着一个空杯子走上讲台。他在向学生们展示空杯子之后，又拿出一些大块的石头装入杯子里。等到杯子装满，他问学生们："杯子满了吗？"学生们异口同声回答："满了。"老师没有说话，又拿出一些细碎的石头装入杯子里，因为大石块之间有很大的缝隙和空洞，所以碎石块很快掉入其中。老师再次问学生们："杯子满了吗？"只有一部分学生以缺乏底气的声音回答："满了吧……"老师还是没有回应学生们，而是捧出沙子放入杯子里，果然，沙子流入杯底，而且把大石块、小石子之间的缝隙也填满了。这一次，老师大声问学生们："现在杯子满了吗？"学生们不约而同回答："真的满了。"还有些学生窃窃私语："这次再也装不下任何东西了。"

老师听到学生们的回答，一语不发，笑着拿出一瓶水，倒入杯子里。让学生们惊奇的事情发生了——杯子里居然又装入了很多水。看着学生们一个个瞪大眼睛，脸上露出震惊的表情，老师这才语重心长地说："看起来杯子里已经没有空间了，实际上，就算装满了水之后，杯子里也还有我们看不见的间隙。很多同学总是说自己没有时间，其实，只有这样的精神去挤压，就一定能挤出来时间，令所有时间都发挥最大效用。"同学们陷入沉思，老师良久又说："当然，只靠着挤是没有用的，如果顺序错误，如先倒入水，或者先装入沙子，那么接下来就没有机会再装入石块、石子。由此可见，顺序很重要，要根据轻重主次先做重要的事情，再利用零碎的时间去做非重要的事情，这样才能让一天的时间井井有条，不会错过完成重要的事情。"同学们恍然大悟，都表示要制订时间计划表，根据事情的轻重缓急安排好顺序，完成每一件事情。

通过上述事例我们可以知道，时间就像海绵里的水，挤一挤总是有的，为此，不要总是抱怨时间不够用，也不要总是抱怨事情多得做不完。只有合理安排好事情的先后顺序，并最大限度发挥时间的效用，才能让时间的价值凸显出来。

从科学的角度来说，在一天之中的不同时间段中，我们的身体状态是不同的。例如，每天上午的时间是最适合学习或者从事重要工作的，尤其是清晨起床时，大脑在经过一整夜的充分休息后，记忆力很强，因此学校里才会安排学生们进行早读。中午时分，很多人都会感到困倦，尤其吃完午饭之后，大量的血液集中到胃部促进消化，为此大脑往往觉得昏昏欲睡，无法神清气爽地学习或者工作。所以，不妨在午饭后短暂休息，让大脑得到调整。下午4点到晚上8点钟，也是人精力旺盛的时期。最后就是晚上入睡前这段时间，是记忆的黄金时期，有心理学家提出，在这个阶段进行记忆之后，即使进入睡眠状态大脑也在工作，为此记忆的效果非常显著。男孩们如果能够根据身体在一天之中的不同状态合理安排学习和生活，就可以收到事半功倍的效果。

此外还需要注意的是，即使要珍惜时间，把更多的时间用于学习，也不要忽略休息。男孩正处于长身体的关键时期，身心都在快速发展和成长，为此，不但需要摄入充足的营养，也需要充分休息，这样才能让自己劳逸结合，以更好的状态投入学习之中，取得良好的效果。

第 12 章

靠天靠地不如靠自己，男孩自强不息才能不惧风雨

男孩胸怀壮志，需要努力拼搏，才能在成长的过程中变得更加强大，距离梦想越来越近。若总是依靠他人，遇到小小的困难就畏缩放弃，则只会变得越来越孱弱，根本不可能真正从幼小的树苗变为参天大树。要想成为顶天立地的男子汉，男孩必须变得更加坚强独立，顶风冒雨勇往直前，最终战胜生命的各种困厄，让自己真正强大起来！

独立自强才能驾驭人生

父母即使再爱孩子，也不可能永远陪伴在孩子身边，始终庇护孩子，无微不至地照顾孩子。这是因为，随着时间的流逝，父母一天天老去，而孩子则不断地成长。就算父母还要勉强支撑自己照顾孩子，孩子随着成长也会有更强的独立意识，因而不愿意继续接受父母的全方位照顾和保护。为此，正如台湾作家龙应台所说的，所谓父母子女一场，就是做父母的看着孩子的背影渐行渐远。其实，孩子长大了，能够离开父母身边独立生存，对于孩子而言恰恰是好事情。因为，只有变得更加强大，做到独立自强，他们才能主宰和驾驭人生，才能在父母有朝一日需要照顾的时候肩负起照顾父母的重任。正如一首歌里所唱的，不经历风雨，怎能见彩虹，孩子并非生而就很强大，他们必须不断地接受历练，各方面的能力才会越来越强。

就像年幼的孩子蹒跚学步一样，刚出生的孩子总是需要爸爸妈妈抱着，到力量增强，开始尝试着迈开脚步向前走，孩子的成长是一步一步进行的，难免会因为站立不稳而出现摔倒的情况。有的父母一旦看到孩子摔倒，马上就会紧张地冲过去扶起孩子，而有的父母看到孩子摔倒，知道孩子个子矮，身躯柔软，不会摔坏，因而会鼓励孩子自己爬起来。前一种情况下，父母的紧张情绪会传染给孩子，导致孩子对于自己摔倒的事情感到非常害怕，甚至会慌张恐惧地哭起来。后一种情况下，孩子看到父母的笑

容，听到父母鼓励的话，知道自己跌倒了没关系，为此有信心站起来继续朝前走。在孩子成长的过程中，有很多事情都要摸索着前行，都要经历过一次又一次的失败才能成功。因此，父母一定要多多激励孩子，而男孩也要鼓励自己更加勇敢坚强，从而迈过人生的一个又一个坎，最终从容地走到理想的境地。

鲁迅曾经说过，这个世界上本没有路，走的人多了，也便成了路。既然如此，就让我们勇敢无畏地前行，把没有路的地方走出来路，这样才能始终坚定不移，勇敢执着，走出属于自己的人生道路来。越是在遇到艰难坎坷的时候，越是应该更加坚强，也许一开始仅凭自己的力量战胜困难很难，但是，在不断历练之后，随着自身能力的增强，战胜困难就会变得越来越容易。

美国前总统——林肯的人生道路并不顺利，而是饱尝挫折和磨难。林肯的家里非常贫穷，他的爸爸是一个普普通通的农民，收入微薄，别说供孩子读书，就算养活孩子都很艰难，为此一家人都过着捉襟见肘、食不果腹的生活。在这样的情况下，林肯接受教育时断时续，就算把所有受教育的时间加起来，也绝对不超过一年的时间。然而，林肯非常顽强，求知的欲望很旺盛，他主动自觉地学习，始终在进步。没有钱买文具，他就用烧焦的木炭当铅笔使用，用找到的小木板当黑板，在上面写字。没有课本，他就四处找别人用过的旧课本，始终坚持不懈地自学。正是在这样顽强的学习精神下，林肯掌握了很多的知识，也看过很多书籍。

后来，林肯还爱上了演讲，经常在人多的场合发表演讲，说得慷慨激昂，从不能打动听众，到渐渐地调动起听众的情绪，再到最后让听众也情绪亢奋，与他产生积极的互动。这也使林肯成了伟大的演讲家。后来，他弃商从政，曾经参加过11次竞选，只成功了两次，而失败了9次。最后一次成功，就是当选美国总统，入驻白宫，也到达了人生的巅峰。

如果没有和无数困难博弈的精神，林肯不可能一次又一次获得成功，更不可能在人生道路上攀登上顶峰。他不仅9次竞选失败，还有过两次经商失败的经历，后一次经商失败使得他欠下巨额债务，此后用了16年的时间才还清债务。不得不说，林肯的内心是非常强大的。他幼年丧母，饱尝生活艰难，却做出了很多家境优渥、人生顺遂的孩子都没有的成就，这与他内心的强大密不可分。

对于每一个男孩而言，依赖心强都无异于一剂毒药，会让他们在成长的过程中力量越来越弱，最终根本无力支撑起自己的人生，也没有办法让自己变得真正强大。男孩要独立自强，不但包括身体上的强壮，也包括精神上的强大。意识到独立自强的重要性后，男孩们要有意识地摆脱对父母的依赖，让自己在接受各种磨难、亲自经历人生的过程中一步一个台阶、一步一个脚印，走向强大，走向未来，成为顶天立地的男子汉。

拼尽全力，与命运博弈

每个人的人生都不可能一帆风顺，命运尽管公平，却常常表现出残酷的一面，会以各种各样的方式与我们开玩笑，也常常会让我们哭笑不得，不知道如何应对。有些软弱的人，一旦遭遇命运残酷的打击，就会自暴自弃，甚至迷失自我；而有些人内心坚强，他们越是在艰难的处境中，越是能够激励自己振奋精神，奋发向上。毫无疑问，前者和后者的命运会截然不同，因为前者只会抱怨和放弃，而后者却能够越挫越勇，拼尽全力与命运展开博弈。

　　在人生之中，虽然有些事情可以由我们主宰和把控，但是更多的事情则常常让我们感到无奈，也使得我们颓废沮丧。这是因为这个世界是唯物主义的，客观存在的，而不是唯心主义的，更不会跟随我们的意志力改变。为此，人们常说心有余而力不足，也说尽人力而知天命，就是这个道理。对于无法改变的一切，如果只会声嘶力竭、歇斯底里，非但不能让一切情况变得更好，反而会使得情况变得糟糕，与其缴械投降，不战而降，不如激励和振奋自己，让自己充满信心和斗志，全力以赴朝着最好的方向去努力。这样一来，我们或许成功，或许失败，退一步而言，即使真的失败了，也是虽败犹荣。

　　和一个失败者相比，无所作为的人才是更加可耻的，因为他们没有做出任何举动，更不曾进行任何努力，为此，他们不但避免了失败，也彻底失去了成功的机会。一个积极乐观的人，可以从失败中汲取经验和教训，而一个主动放弃的人，则毫无收获。所以，男孩们，不管面对多么糟糕的境遇都不要随随便便放弃，只有心怀希望，激励自己无所畏惧地多多尝试，才能推动事情不断地向前发展，哪怕失败，也能得到经验，也是真正的进步。正如人们常说的，苦难是人生最好的学校，只有从苦难的学校里毕业，每个人才能获得更加快速的成长和进步。

　　海伦出生的时候是一个健康的婴儿，她是家里的第一个孩子，爸爸妈妈非常疼爱她。然而，在19个月大的时候，一场打击突如其来——海伦患上了严重的猩红热，高烧不退，几乎已经被判死刑。在昏迷了几天之后，她渐渐苏醒过来，父母如释重负，谁都没有发现年幼的海伦因为这场疾病失去了视觉和听觉。后来看到海伦走起路来跌跌撞撞，爸爸妈妈才发现海伦残疾了。而年幼的海伦并不知道自己身上到底发生了什么，随着渐渐长大，她才意识到自己和别人的不同，为此变得非常焦虑恐惧。看着海伦的情绪越来越糟糕，动辄大发脾气，爸爸知道，海伦想要与这个世界建立联系。为此，爸爸给海伦请来家庭教师莎莉文。莎莉文老师也曾经有过险些失明的经历，为此她非常了解海伦的无助与痛苦，也想方设法地带着海伦了解和感受这个世界，还教会海伦学习各种知识。随着认识的字越来越多，海伦渐渐学会读书，终于与世界建立了联结的通道。此后，她一发而不可收拾，在莎莉文老师的帮助下，学习完所有的课程，而且考上了大学。

最终，海伦顺利从大学毕业，开始从事写作和公益事业。她的作品《假如给我三天光明》，给很多人带来了希望，也鼓舞和振奋了他们的精神。海伦还常常四处演讲，目的就是以自己的亲身经历鼓舞更多的人燃烧起生的希望和勇气，坚决不向残酷的命运缴械投降。在接受记者采访的时候，海伦曾经说过，如果不是因为这场病和严重的后遗症，也许她的人生会和大多数普通的女性一样，而不会有这么多的成就。

从海伦的经历中我们不难看出，困难可以给人以致命的打击，是弱者的绝境和深渊，也可以给人以成功的希望和扭转命运的契机，是强者在人生中千载难逢的好机遇。面对苦难，到底是一蹶不振，心灰意冷，还是振奋精神，与命运博弈到底，这是每个人的选择，与此同时，每个人也都要承担自己选择的后果。

面对人生的各种坎坷艰难，既然哭着也要熬过去，笑着也要熬过去，我们为何不能笑起来，给自己好心情，也给身边的人带来信心和希望呢？俗话说，人生不如意十之八九，这就告诉我们人生总是反复无常，谁的人生都不可能真的万事如意。男孩们，一定要让自己的心变得更加坚强，这样才能在被命运高高抛起又重重放下的时候拥有更强大的韧性和毅力，才能坚持在命运面前笑到最后，笑得最好。

古今中外，有很多成功者并不是因为得到了命运的特别照顾和偏爱才

能获得成功，而是因为他们始终都坚持不懈，勇往直前，也是因为他们越是在坎坷的境遇里越是能够激发自身的无穷力量。男孩们，不要觉得自己是孱弱的，做人既不能妄自菲薄，也不能妄自尊大，只有客观公正地评价和认知自己，才能在成长的道路上始终坚持不懈地前行，始终勇往直前地进取。每个人既有优点也有缺点，我们所要做的是扬长避短，取长补短，这样才能尽量发展自己的核心竞争力，才能想方设法弥补不足，从而让自己在人生的道路上有更多的收获，也看到更多美丽的风景。

命运尽管残酷，却并不能真正决定我们的未来和人生。真正的希望燃烧在我们的心底，真正的光芒除非我们让其熄灭，否则没有人可以让其熄灭。为此，我们一定要有远大的理想和坚定不移的信念，这样才能支撑自己在生命的历程中踏破荆棘，乘风破浪地前进。有些男孩志向高远，为此不愿意做一些小事情，殊不知，就算有着鸿鹄之志，也依然要做好眼下的事情、手里的事情，这样才能循序渐进地锻炼自己的勇气，增强自己的信心，未来在遇到坎坷境遇时也就不会陷入恐慌之中，更不会自暴自弃。男孩正处于成长的关键时期，还要勤奋努力地学习。俗话说，知识就是力量，知识能够改变命运，其实正是因为学习和积累了更多的知识，男孩们才能以知识带动自身发展，以知识助力自身成长，以知识武装自己，让自己变得更加强大和不可战胜！当你从各个方面提升和完善自己，成为真正的强者，就算是厄运在你面前也要低下头，对你认输！

真正的男子汉能缔造人生

现实生活中，很多人都把自己的不幸归咎于命运，甚至觉得一切都是厄运造成的。实际上，命运并没有那么强大的力量，有的时候，我们只是顺着命运的形势选择了放弃，才会让自己陷入人生的无底深渊无法自拔。真正坚强的男子汉，哪怕被命运残酷捉弄和打击，也绝不会轻而易举地放弃，相反，他们相信只要努力和坚持就能创造奇迹，为此，他们不坚持到最后一刻决不罢休。很多男孩都喜欢看好莱坞大片，电影的主人公之所以被称为硬汉，是因为他们在电影中塑造的角色是非常经典的。在影片中，他们虽然要面临很多的挑战，有的时候简直被逼入生命的绝境，让观众都觉得他们是在完成一个不可能完成的任务，但是他们始终怀揣希望，绝不放弃，咬紧牙关坚持到最后一刻。最终，他们真的创造了奇迹，也让影片朝着观众所期待的方向发展。也许有些男孩会说，电影都是骗人的，把情节编写得神乎其神，其实真正的人根本没有那么强大。不得不说，当男孩产生这样的想法时，就意味着在男孩心消极和悲观占据了上风。任何事情，如果不亲自去做就放弃，是不可能成功的，就连失败的机会都没有，也就无从总结经验。只有亲自去尝试，努力争取做到最好，事情才会被推动，产生新的契机。

做一个顶天立地的男子汉，就要有主宰和驾驭生命的勇气与能力。当然，每个人并非生而就很强大，就能战胜一切，而是需要在后天成长的过程中不断突破自我，超越和成就自我，这样各个方面的能力才会更强，人才能做到自强不息，在人生的道路上战胜一切困难，始终奔向前方。

华罗庚是我国伟大的数学家，在数学领域做出了很多伟大的成就。其实，华罗庚并没有上过多长时间的学，因为家里很贫穷，他才读完初一就辍学了。正是在初一的学习过程中，华罗庚表现出独特的数学天赋。有一天，老师出了一道很有名的难题给同学们，目的在于激发同学们的思考力，让同学们把思路打开，根本不曾想过这道难题会得到解答。结果，华

罗庚很快就写出了这道难题的正确解答方式，老师欣喜不已，从此之后对华罗庚非常重视，也坚持认为华罗庚是学习的好苗子。

初一辍学后，华罗庚在家里帮助父母看守杂货铺，每天干完杂货铺里的活儿，他就一边帮忙看店、卖东西，一边拿着书本自学。后来，华罗庚在数学期刊上发表了一篇文章，得到了很多数学家的关注，为此得到机会进入一所大学当助教。随着在数学领域的学习日渐深入，他的成就也越来越多，最终成为了不起的数学家。

如果华罗庚在读完初一辍学之后就死心塌地帮助父母经营杂货铺，那么中国就少了一位数学家，而华罗庚也不可能有这么伟大的人生成就和数学建树。华罗庚并非运气好，如果他运气很好，家境优渥，那么他就可以继续在学校里接受教育，而无须艰难地进行自学。如果说天赋，他的确在数学方面有天赋，但是天赋的作用远远不如努力的作用。正是因为无论在任何艰难的处境中他始终都对学习饱含热情，坚持努力，所以华罗庚才能在人生的坎坷崎岖之中始终坚持向前，最终到达人生的巅峰。

这个世界上从未一蹴而就的成功，也没有顺遂如意的人生。作为小小男子汉，男孩们必须从现在开始就坚持做好每一件小事情，坚持进行点点滴滴的积累，这样才能引导自己始终努力向上，自强不息，才能让自己真正成为人生的主宰和驾驭者，在生命的历程中见识到更多的风景，收获更多的成就。

为了激发自身的力量，男孩可以采取各种方式来调整自己的心态和人生状态。

首先，男孩要对自己有正确的认知。一个人如果总是狂妄自大，盲目自信，觉得自己无所不能，则一定会摔大跟头。反之，一个人如果总是胆小怯懦，盲目自卑，觉得自己什么都不能，就会导致自己故步自封，对于任何事情都不敢尝试，更因为缺乏自信而导致力量也在衰减。为此，男孩要正确认知自己，知道自己的优势和劣势在哪里，并能够客观理性地分析自己的所长和所短，从而以适宜的方式促进和激励自己进步。

其次，男孩要坚持锻炼自己，提升自己的心理承受能力，让自己变得更加强大和无所畏惧。前文说过，人生总是反复无常的，很多人面对人生都会有糟糕的体验，实际上，这种体验并不完全取决于外部世界，也取决于他们的内心。即使面对同样的困厄，不同的人也会有不同的体会和表现。有的人常常会自暴自弃，自我放逐，结果不但避免了失败，也彻底失去了成功的可能性。有的人则能够激励自己不断地努力向前，最终战胜困厄，让人生柳暗花明又一村。由此可见，心若改变，世界也随之改变，其实是有道理的。最重要的在于，我们千万不能向命运缴械投降，而要始终怀着信心与命运博弈。

当然，男孩要想变得强大，还有一条必经的途径，那就是坚持学习。古人云，读万卷书，行万里路。很多男孩鼠目寸光，为此在看待问题的时候常常被自己的思路局限住，想要解决问题却找不到好的方法。有的男孩则视野开阔，不管在人生中面对怎样的困境，他们都能说服自己继续坚持下去，也可以绞尽脑汁想到各种好办法来解决问题，这是因为他们有大格局，能够在生命遭遇困厄的时候看到更多的希望和光。

男孩们，你们准备好要改变自己的人生了吗？如果对于自己的现状不满意，且觉得自己的人生不够理想，不要气馁，不要沮丧，而要当机立断想办法去改变现状。不要因为对未来的预期不好就被吓住，世界上的万事万物——包括你在内——都在发生变化，谁能保证事情不会朝着对你有利的方向发展呢？最重要的在于，要有信心，要有顽强不屈的信念，这样才能在与命运博弈的过程中始终坚定不移，勇往直前，始终无所畏惧，气定神闲。

坚强独立才能畅行世界

现代社会中，有些男孩依赖性都太强。这其实不怪孩子，而是因为有他们的父母对于男孩照顾得太过仔细，对男孩寸步不离，从来不让男孩吃任何苦，受任何罪，更不让男孩受到任何委屈。俗话说，不经历无以成经验，如果男孩从未亲身经历过任何坎坷与挫折，他们如何能够获得成长，又如何坚持历练自己呢？为此，最重要的是要亲自去感受和经历，这样才能不断地提升自我，让自己变得更加坚强和无所畏惧，真正做到畅行世界。

尤其是男孩，一定要更加独立，而不要总是对于人生有太多不切实际的渴望和憧憬。对于男孩而言，不管出生在怎样的家庭里，也不管未来会有怎样的经历和遭遇，归根结底都要独立面对人生，都要在各种磨难面前保持独立的姿态。因为，唯有独立坚强，才能畅行世界。遗憾的是，很多中国的父母都不懂得这个道理，他们恨不得为孩子提供一切便利的条件，而不让孩子吃任何苦，也不让孩子经历任何难关。虽然他们竭尽所能给孩子提供了最好的条件，但是孩子并不能成长，也无法支撑起人生的一片天。最终，等到父母老去，孩子长大，父母需要得到孩子的照顾，却发现孩子连自己都照顾不好，不得不说，这是家庭教育最大的悲哀，也是彻头彻尾的失败。每一个父母都要牢记，教育孩子的最终目的不是让孩子变得只能依赖父母而生存，而是要让孩子意识到人生的重要意义，也要让孩子拥有顽强不屈的脊梁。唯有如此，孩子才能真正肩负起人生的重任，才能在面对人生的一切坎坷境遇时始终都做到不离不弃，无所畏惧。在西方国家，很多父母尽管有大量的财富，如世界首富比尔·盖茨、巴菲特等，却让孩子早早地就学会独立自强，而不会给孩子提供最好的物质条件和无限度的金钱支持。这是因为他们知道对于孩子而言最重要的是什么，也知道必须给孩子机会去体验和感受生活，给孩子机会从依赖性极强走向独立坚强，孩子才会真正成才，才会拥有更美好的未来。

有人说，父母的溺爱是对孩子最大的害，正是这个道理。当然，很多父母不知道这个道理，对此，那么作为男孩要有意识地培养和增强自己的独立自强能力，让自己在面对人生的时候始终昂扬向上，绝不企图依赖任何人。每个男孩都像是一棵小树苗，必须让自己持续向上生长，挺拔，才能成为参天大树。若总是在父母的保护之下生活，就像小鸡仔无法离开老母鸡的庇护一样，只能变得更加孱弱。为此，男孩固然可以树立远大的理想，想要征服整个世界，却不能本末倒置，把强大的梦想寄托在任何人身上。当觉得父母对于自己的保护太过严密时，不如对父母提出意见和建议，也积极主动地让自己经历更多的风雨打击和坎坷磨难。记住，没有人生而强大，每个人必须在后天成长的过程中坚持磨砺自己，不断提升和完善自己，才能日渐强大，有足够的能力独当一面。

许昌从小就是个不折不扣的富二代，他的爸爸妈妈一起开办公司，为此，从上幼儿园开始，其他同学都只能坐着父母的自行车上学与放学，许昌则已经有专车接送。这样，许昌在同学面前很有优势，他总是得意扬扬，觉得自己高人一等。随着不断的成长，许昌已经习惯了这样优越的生活，到了大学时期，他开始住校。每个月里，其他同学只需要七八百元的生活费，而许昌一年下来花费了二三十万元。他是如何花掉这一笔巨款的呢？原来，他从未正儿八经地上过学，每天不是请同学们吃饭，就是和社会上的青年一起唱歌，日子过得比很多已经有经济来源的年轻人更潇洒。为此，许昌轻而易举就创造了两个第一，即学习全校倒数第一，花销全校正数第一。许昌为此沾沾自喜，觉得自己有很多的资本，与其他同学相

比，自己赢在了起跑线上。

就这样潇洒地度过了两年大学生活，刚刚上大三，许昌家里的生意就出现了大问题，非但没有盈利，还因此欠下巨额债务。父母不得不变卖了别墅、豪车用来还债，而许昌每个月也从拥有几万生活费的富二代，变成了花每一分钱都要认真算计的穷人。许昌觉得在学校里抬不起头，因而远离了所有的朋友和同学。这个时候，有个朋友得知许昌家里的困境，也明白许昌是因为觉得丢人才故意疏远大家。朋友对许昌说："真正的朋友不会因为你有钱就靠近你，也不会因为你没有钱就远离你。这正是个好时机，可以让你借此机会看清谁是真的朋友，谁是假的朋友。这样一来，你以后就可以拥有更多的真朋友。如果经济上困难，我可以请你吃简单的饭菜，但是请你不要远离我。"听到朋友的话，许昌非常感动，因为，在风光的日子里，其实他和这个家境贫困的朋友走得并不近。而且，这个朋友经常四处打工挣钱，贴补学费和生活费。许昌感动地说："哥们儿，以后你有干不了的活儿，都介绍给我，我和你一起干。"似乎在一夜之间，许昌长大了，他知道自己不再有依靠，因而下定决心要靠着自己养活自己，也要给父母减轻生活的负担。

有很多时候，起点很低的我们哪怕拼尽全力，也无法达到他人一出生就达到的高度，因为他人不是富二代就是官二代，不是很有钱就是很有权。然而，出身贫苦真的是一件糟糕的事情吗？有的时候，这样艰难的生活经历对于男孩而言恰恰是最好的历练。因此，父母千万不要心疼男孩吃苦，而男孩也要全力以赴，更加主动地感受生活的艰难，品尝生活的苦涩，唯有如此，才能更加珍惜生活的甜蜜，才可以在不断接受磨砺的过程中让自己变得更加强大。

古人云，父母之爱子女，则为之计深远，所谓的计深远，就是不要溺爱孩子，而是紧跟孩子成长的脚步，在孩子的能力达到一定程度之后，就及时地教育孩子独立自强，也要引导孩子承担起更多的生活重担。每当有锻炼和提升的机会，就要尽可能交给孩子，就算没有机会，也要为孩子创造机会展示和验证自身的能力，这不但有利于孩子成长，还可以增强孩子的自信心，让孩子更加强大，更加无所畏惧地面对人生。

当然，孩子并非生而就能做到独立自强，每一个新生命呱呱坠地开始时，是在父母无微不至的照顾下成长的。随着一天天长大，孩子各个方面的能力越来越强，为此，也要接受相应的锻炼，才能培养自己的能力。此外，男孩还要学会与人交往，多多参加集体活动。所谓的独立并非孤独地生存，男孩必须参加更多的社会活动，融入集体之中，才能让自己的未来有更好的成长和发展，才能真正形成团队意识，在团队活动中增强和壮大自己的实力。所谓独立自强，不仅是指男孩可以独立应付人生中的很多情况，也是指男孩可以融入家庭以外的团队之中，让自己的力量因为得到外部的辅助而变得更加强大，从而和团队成员一起完成艰巨的任务，做出更多的成就。所谓男儿当自强，说的就是这个道理。

有主见，切勿盲目从众

做一个独立自强的男孩，不但要有强壮的身体，还要有独立的思考能力，更要有主见，且能坚持自己的独特见解。在深思熟虑之后，男孩要坚持自己认为正确的事情，哪怕被很多人反对，也不要对他人盲从。毕竟有的时候真理掌握在少数人手中，而不是一定掌握在大多数人手中。从本质上而言，坚持某一种观点的人是多还是少，并不从根本上决定这种观点

是否正确，最主要的在于，在选择坚持某一种观点之前，要进行深入的思考，也要有全方位的考量。唯有如此，才能更加独立有主见，才能做最好的自己。

对于成功，很多人都有自己的理解和定义，有人觉得赚取大量金钱是成功，有人觉得获得至高的权力是成功，也有人觉得安安稳稳岁月静好是成功，还有人认为成功必须是惊天动地的。这是因为每个人都是世界上独一无二的生命个体，为此，对于做人和做事都有自己的理解与定义。既然如此，一个人真正的成功就不是获得别人眼中的成功，而是能够坚持做最真实的自己，活成自己想要的样子。

很多青春期男孩都特别在乎同龄人的意见和看法，尤其是在同龄人的团体之中，他们常常会表现出很强的从众性。这是因为青春期男孩渴望被认同，为此，他们宁愿牺牲自己的主见和选择，也要获得同伴的认可和赞许。殊不知，对于男孩而言，这样的盲目从众并不是一件好事情，一个人不能为了活成别人眼中的样子而迷失自己，也不能为了得到他人的认可就完全放弃自己的原则和主见。为此，男孩们一定要开动脑筋，进行深入的思考和权衡，这样才能在成长的道路上坚持自己的想法和主见，才能在人生面对岔路口的时候选择跟随自己的心前行。

比尔·盖茨作为微软帝国的缔造者，作为世界首富，一直是一个非常有主见的人。众所周知，哈佛大学是世界顶级学府，莘莘学子拼尽全力都想要考入这所世界名校，从而得到更好的教育，也与更多顶尖的人才成为同学，在良好的学生氛围和环境中努力学习，充实成长。然而，比尔·盖茨在意识到机会到来时，当机立断选择从哈佛大学退学，开始创办公司。不得不说，比尔·盖茨是非常有决断、有魄力的，且能够在不同的声音中坚持自己的想法，独立进行思考，从而最终成功地创办微软帝国，获得了世人瞩目的成功。

还有些男孩会盲目迷信他人成功的经验，想要通过走他人成功的路子获得成功。不得不说，每个人的成功都带有鲜明的色彩，也带有自身的印记。明智的男孩不会寄希望于通过模仿获得成功。我们固然可以借鉴他人成功的经验，却不能盲目照搬他人的成功模式，只有从自身的实际情况出发，知道自己擅长什么、不擅长什么，才能有的放矢地开展属于自己的成功模式，走向属于自己的成功道路。

在如今的时代里，各种各样的声音很多。越是如此，男孩越是要把根扎稳，要对自己认准的事情坚持去做，对自己认为对的事情绝不放弃。只要始终努力，而且聆听自己内心的声音，渐渐地，男孩一定能够拥有独属于自己的成功。记住，任何时候盲目从众的人都无法活出与众不同的自己。只有做最真实的自己，才能成为最好的自己，才能成为最强大的自己！男孩们，你们做好准备成为最与众不同的那一个了吗？现代的教育越来越注重发展孩子的个性，而不是让孩子如同机器的流水线上生产出来的产品一样如出一辙，毫无个性可言。出生在这个好时代，我们还有什么理由不做自己，不坚持发出自己的声音，不果断坚持自己的选择呢？来吧，男孩们，你们是最棒的，要相信自己一定能行！只要你相信自己，就会拥有相信的力量，而相信的力量就是创造奇迹的力量！

参考文献

[1]余长保.有出息男孩子一定要懂得的道理[M].北京：海潮出版社，2015.

[2]陈实，王慧红.写给有出息男孩的羊皮卷[M].北京：中国纺织出版社，2018.

[3]周舒予.你是最棒的男孩[M].北京：北京理工大学出版社，2018.